高等学校规划教材

化工原理课程设计

郑育英　李军　丁春华　杨楚芬　编

化学工业出版社

·北京·

内容简介

《化工原理课程设计》共五章，内容包括绪论、化工设计绘图基础、列管式换热器设计、板式塔设计、填料塔设计。本书以解决实际工程问题为导向，注重理论联系实际，强调工程设计能力和创新能力的培养。

本书可作为高等院校化工、制药、能源、材料、食品、环境、生物等专业的化工原理课程设计教材以及毕业设计参考书，也可供化工及相关领域设计、生产和管理部门工程技术人员参考。

图书在版编目（CIP）数据

化工原理课程设计/郑育英等编．—北京：化学工业出版社，2022.2（2024.5重印）
高等学校规划教材
ISBN 978-7-122-40208-0

Ⅰ.①化… Ⅱ.①郑… Ⅲ.①化工原理-课程设计-高等学校-教材 Ⅳ.①TQ02-41

中国版本图书馆 CIP 数据核字（2021）第 221206 号

责任编辑：任睿婷　杜进祥　　　　　　　　装帧设计：关　飞
责任校对：王佳伟

出版发行：化学工业出版社（北京市东城区青年湖南街 13 号　邮政编码 100011）
印　　装：北京科印技术咨询服务有限公司数码印刷分部
787mm×1092mm　1/16　印张 10¾　插页 3　字数 262 千字　2024 年 5 月北京第 1 版第 3 次印刷

购书咨询：010-64518888　　　　　　　　　售后服务：010-64518899
网　　址：http://www.cip.com.cn
凡购买本书，如有缺损质量问题，本社销售中心负责调换。

定　价：36.00 元　　　　　　　　　　　　　　　　　　　　　　版权所有　违者必究

前 言

化工原理课程设计是化工及相关专业学生学习化工原理系列课程（化工原理、化工原理实验、化工原理课程设计）的必要环节之一，对培养学生运用综合基础知识解决工程实际问题和独立工作的能力起重要作用。

广东工业大学化工原理教学历史悠久、师资力量雄厚，自开设以来，被评为化工部优秀课程、广东省第一批精品课程、广东省资源共享课程、广东省在线开放课程。化工原理课程设计作为化工原理的实践课程，基于多年来教学团队积累的素材编写。本书注重理论与实践的有机结合，设计示例具有工业生产或科研实践的背景，有利于培养学生分析和解决工程实际问题的能力，增强创新意识。全书包括了化工及相关行业生产中最常用的换热器、板式塔、填料塔的设计，每章均包括：设计方案的确定、主要工艺尺寸的设计原理、设备选型、辅助设备的设计与选型等。

本书由郑育英、李军、丁春华、杨楚芬编，全书由郑育英统稿和审核。具体分工如下：第一、二章由杨楚芬编写、第三章由李军编写、第四章由郑育英编写、第五章由丁春华编写。

由于编者经验及水平有限，其中难免有疏漏和不妥之处，恳请读者批评指正。如果您有任何建议或者意见，请通过 249582850@qq.com 联系我们。

编者
2021 年 9 月于广州

结合视频学本书
参照案例来实操

本书专属二维码：为每一本正版图书保驾护航

扫码获得正版专属资源

微信扫描下方二维码，即可获得本书正版专属资源
盗版图书存在的诸多错误可能造成您的损失，请通过正规书店及网上开设的官方旗舰店购买正版图书。

智能阅读向导为您严选以下专属服务

1 微课视频
对照视频，巩固板式塔、填料塔设计

2 设计案例
结合实例做参考，助力筛板塔设计

①  >>> 微信扫描本书二维码，关注公众号"易读书坊"

② 正版验证 刮开涂层获取网络增值服务码 手动输入　无码验证 >>> 首次获得资源时，点击弹出的应用，进行正版认证

③  >>> 刮开"网络增值服务码"（见封底），通过扫码认证，享受本书的网络增值服务

目录

第1章 绪论 / 1

1.1 课程设计的性质和目的 ··· 1
1.2 课程设计的内容和步骤 ··· 1
   1.2.1 课程设计的内容 ··· 1
   1.2.2 课程设计的步骤 ··· 2
1.3 课程设计的教学组织及考核要求 ··· 3
1.4 课程设计的基本要求和其他相关说明 ··· 4

第2章 化工设计绘图基础 / 5

2.1 工艺流程图 ··· 5
   2.1.1 工艺流程图的分类 ·· 5
   2.1.2 工艺流程图中常见的图形符号 ··· 7
   2.1.3 工艺流程图的绘制 ·· 16
2.2 主体设备装配图 ·· 18
   2.2.1 主体设备装配图常用的表达方法 ··· 19
   2.2.2 主体设备装配图的尺寸标注 ··· 21
   2.2.3 主体设备装配图的绘制 ·· 22

第3章 列管式换热器设计 / 29

3.1 概述 ·· 29
   3.1.1 列管式换热器的结构与类型 ··· 29
   3.1.2 列管式换热器的基本参数及型号表示 ··· 32
3.2 设计方案的确定 ·· 34
   3.2.1 流动空间的选择 ·· 34
   3.2.2 流速的选择 ··· 34
   3.2.3 加热剂或冷却剂的选择 ·· 35
   3.2.4 流体两端温度的确定 ··· 36
   3.2.5 列管式换热器结构类型的选择 ·· 36

  3.2.6 管程数与壳程数 ……………………………………………………………… 37
  3.2.7 管子规格及长度 ……………………………………………………………… 37
  3.2.8 管子排列方式与管间距 ……………………………………………………… 38
3.3 换热器的设计计算与校核 ………………………………………………………………… 40
  3.3.1 估算传热面积 ………………………………………………………………… 40
  3.3.2 换热器的传热性能校核 ……………………………………………………… 41
  3.3.3 列管式换热器的压降校核 …………………………………………………… 41
3.4 列管式换热器主要构件的设计与连接 …………………………………………………… 42
  3.4.1 分程隔板 ……………………………………………………………………… 42
  3.4.2 折流挡板与支承板 …………………………………………………………… 44
  3.4.3 拉杆与定距管 ………………………………………………………………… 46
  3.4.4 旁路挡板与防冲板 …………………………………………………………… 47
  3.4.5 管板结构尺寸 ………………………………………………………………… 50
3.5 标准列管式换热器的设计示例 …………………………………………………………… 51

第4章 板式塔设计 / 56

4.1 概述 ………………………………………………………………………………………… 56
4.2 设计方案的确定 …………………………………………………………………………… 56
  4.2.1 装置流程的确定 ……………………………………………………………… 57
  4.2.2 操作条件的确定 ……………………………………………………………… 57
4.3 塔板的类型 ………………………………………………………………………………… 58
  4.3.1 泡罩塔板 ……………………………………………………………………… 58
  4.3.2 筛孔塔板 ……………………………………………………………………… 59
  4.3.3 浮阀塔板 ……………………………………………………………………… 59
4.4 板式塔工艺设计计算 ……………………………………………………………………… 61
  4.4.1 物料衡算 ……………………………………………………………………… 61
  4.4.2 理论板数计算 ………………………………………………………………… 62
  4.4.3 塔效率的估算 ………………………………………………………………… 65
  4.4.4 板式塔有效高度的计算 ……………………………………………………… 65
  4.4.5 塔径的计算 …………………………………………………………………… 66
4.5 塔板工艺尺寸设计计算 …………………………………………………………………… 67
  4.5.1 溢流装置的设计 ……………………………………………………………… 67
  4.5.2 塔板设计 ……………………………………………………………………… 72
  4.5.3 塔板的流体力学验算 ………………………………………………………… 77
4.6 板式塔的结构 ……………………………………………………………………………… 85
4.7 附件及附属设备 …………………………………………………………………………… 86
  4.7.1 附件 …………………………………………………………………………… 86

  4.7.2 附属设备 …… 88
 4.8 板式塔设计示例 …… 91
  4.8.1 浮阀塔设计示例 …… 91
  4.8.2 筛板塔设计示例 …… 109

第5章 填料塔设计 / 110

 5.1 填料塔的结构 …… 110
 5.2 设计方案的确定 …… 112
  5.2.1 工艺流程的选择 …… 112
  5.2.2 操作条件的确定 …… 113
  5.2.3 吸收剂的选择 …… 113
 5.3 填料的性质与选择 …… 114
  5.3.1 填料的特性参数 …… 114
  5.3.2 填料的基本要求 …… 115
  5.3.3 填料类型 …… 115
  5.3.4 填料的选择 …… 115
 5.4 气液平衡关系 …… 118
  5.4.1 亨利定律 …… 118
  5.4.2 非等温吸收 …… 119
 5.5 填料塔工艺设计计算 …… 119
  5.5.1 吸收剂用量 …… 119
  5.5.2 泛点气速 …… 121
  5.5.3 塔径的计算与校核 …… 123
  5.5.4 塔高的计算 …… 124
  5.5.5 塔内压降的计算 …… 129
 5.6 填料塔的附属装置 …… 131
  5.6.1 填料支承装置 …… 131
  5.6.2 液体分布装置 …… 135
  5.6.3 液体再分布装置 …… 137
  5.6.4 填料压板及床层限制板 …… 138
  5.6.5 气体的入塔分布结构 …… 139
  5.6.6 除沫器的设置 …… 139
 5.7 输送设备 …… 140
  5.7.1 风机 …… 140
  5.7.2 输液泵 …… 140
 5.8 填料塔设计示例 …… 140

附录 / 145

- 附录1　板式塔塔板结构参数 ……………………………………………… 145
- 附录2　压力容器常用零部件 ……………………………………………… 147
- 附录3　钢管规格 …………………………………………………………… 153
- 附录4　壁面污垢热阻的数值范围 ………………………………………… 158
- 附录5　换热器有关参数 …………………………………………………… 159
- 附录6　常用填料的物性参数 ……………………………………………… 162
- 附录7　常见栅板规格尺寸 ………………………………………………… 163

参考文献 / 164

第1章
绪 论

1.1 课程设计的性质和目的

化工原理课程设计是一门重要的实践课程,是化工原理教学体系的重要组成部分。它是综合运用化工原理、工程制图、化工设备机械基础和其他有关先修课程所学知识,完成以化工单元操作为主的一次化工初步设计训练,是提高学生实际工程能力的重要教学环节。

化工原理课程设计要求学生在规定时间内,按照设计任务书的要求,搜索并查阅技术资料和数据,进行一系列计算,完成某项化工过程和设备的设计,并用简洁的文字和图纸表达结果。设计中需要学生自己查取资料并做出决策,确定设计方案、工艺流程,进行过程计算、设备计算和经济核算,科学论证所选方案的可行性和经济性。因此,通过化工原理课程设计,对学生进行化工设计技能的基本训练,可使学生体会到工程实际的复杂性,从而培养学生综合运用所学知识解决实际问题的能力,同时增强学生的工程观念,提高学生独立工作的能力,为后续化工过程设计和毕业设计打下坚实的基础。总的来说,其课程目的包括:

① 使学生初步掌握化工单元操作设备设计的基本步骤和方法。
② 训练学生设计所需要的基本技能,如计算、绘图、查资料(手册、标准和规范)和处理数据等。
③ 提高学生运用工程语言(简洁的文字、清晰的图表、正确的计算)表达设计思想的能力。
④ 培养学生工程设计理念,从技术上可行和经济上合理的工程观念出发,综合分析不同操作条件和参数对设计结果的影响,同时兼顾环境、法律、伦理、安全、健康等制约因素。
⑤ 培养学生运用现代化工程设计工具、综合运用书本理论知识,分析和解决复杂工程问题的能力。

1.2 课程设计的内容和步骤

1.2.1 课程设计的内容

化工原理课程设计的基本内容包括生产方式的选择、工艺流程方案的选择、工艺流程计算(物料平衡和能量平衡)、非标准化工设备的设计、标准设备的选型及管线的配置,并对公用工程（水、电、汽等）提出要求。具体内容如下：

① 设计方案介绍　对生产方式、给定或选定的工艺流程、主要的设备型式进行简要的论述。

② 主体设备的设计与计算　包括操作条件和工艺参数的选定、物料衡算、热量衡算、设备的特性尺寸计算及结构设计、流体力学验算等。

③ 辅助设备的选型与计算　包括典型辅助设备的主要工艺尺寸计算和设备型号规格的选定。

④ 工艺流程图的绘制　标出主体设备和辅助设备的物料流向、物流量、能流量和主要化工参数测量点与控制点等。

⑤ 主体设备装配图的绘制　图面上应包括设备的主要工艺尺寸、技术特性表、管口表及组成设备的各部件名称等。

⑥ 设计说明书的编写　包括设计说明书和说明书的附图、附表等。

1.2.2　课程设计的步骤

（1）明确设计任务与条件

① 原料与产品的流量、组成、状态（温度、压力、相态等）、物理化学性质、流量波动范围；

② 设计目的、要求和设备功能；

③ 公用工程条件，如冷却水温度，加热蒸汽压力、温度和湿度等；

④ 其他特殊要求。

（2）调研生产方式、工艺流程和设备

调研待设计任务的实际生产方式、工艺流程，主要设备的国内外现状及发展趋势，新技术、新设备所涉及的计算方法等。收集物料的物性数据及材料的腐蚀性质等。

（3）确定操作条件和流程方案

① 确定设备的操作条件，如温度、压力和物流比等；

② 确定设备结构型式，评比各类设备结构的优缺点，结合设计的具体情况，选择高效、可靠的设备型式；

③ 热能的综合利用、安全和环保措施等；

④ 确定单元设备的工艺流程方案，绘制工艺流程图。

（4）主体设备的工艺设计与计算

化工原理课程设计主要强调工艺流程中主体设备的设计。主体设备是指在每个单元操作中处于核心地位的关键设备，如传热中的换热器、精馏中的板式塔、吸收中的填料塔、干燥中的干燥器等。

① 主体设备的物料与热量衡算；

② 设备特性尺寸计算，如精馏塔的塔径、塔高，换热器的传热面积等，可根据有关设备的规范和不同结构设备的流体力学、传质、传热动力学计算公式来计算；

③ 流体力学验算，如流动阻力与操作范围验算。

（5）主体设备结构的计算与选择

在确定设备型式及主要尺寸的基础上，根据各种设备常用结构，参考有关资料，详细设计设备各零部件的结构尺寸。如填料塔要设计液体分布器、再分布器、填料支承、填料压板、各种接口等；板式塔要确定塔板布置、溢流管、各种进出口结构、塔板支承等。

(6) 辅助设备的计算与选择

典型辅助设备的主要工艺尺寸的计算，设备规格和型号的选定等。如精馏塔设计中塔顶冷凝器、塔釜再沸器、原料预热器、泵等的计算和选型。

(7) 编写设计说明书

设计说明书是图纸的理论依据，是设计计算的整理和书面总结，也是后续设计工作的主要依据，说明书的编排顺序及内容一般如下：

① 封面（课程设计题目、学院、班级、学号、姓名、指导教师、时间）；
② 设计任务书；
③ 目录；
④ 设计方案概述（生产方式、工艺流程和设备方案分析、拟定和论证）；
⑤ 工艺流程图及说明（绘制工艺流程图，并进行简单流程说明）；
⑥ 工艺计算和主体设备设计；
⑦ 辅助设备的计算及选型；
⑧ 设计结果汇总表；
⑨ 设计评述及心得体会；
⑩ 符号说明；
⑪ 参考资料。

设计说明书要求内容完整，条理清晰，版面清晰美观，计算方法正确，计算公式和所用数据必须注明出处；图表应能简要表达计算的结果。

(8) 绘制主体设备装配图

根据工艺要求通过工艺条件确定设备结构型式、工艺尺寸，然后提出附有工艺条件图的"设备设计条件单"。设计人员据此对设备进行机械设计，最后绘制设备装配图。

化工原理课程设计要求画"主体设备装配图"一张，采用 A1（841mm×594mm）或 A2（594mm×420mm）图纸绘制，图面上应包括设备的主要工艺尺寸、技术特性表和管口表。要求图纸布局美观，图面整洁，图表清楚，尺寸标识准确，字迹工整，各部分线形粗细符合技术制图国家标准。

1.3 课程设计的教学组织及考核要求

(1) 课程设计的教学组织

为确保课程衔接，化工原理课程设计一般安排在化工原理课程结束后进行。作为化工类学生的实践性必修基础课，化工原理课程设计通常要求每个学生对设计任务进行独立分析、独立计算和独立绘图，为后续化工过程设计和毕业设计打下坚实的基础。化工原理课程设计的教学安排大致如下：

① 指导教师布置课程设计任务，提出有关要求，讲解与设计有关的内容；
② 学生阅读设计指导书，根据设计任务查阅、搜集相关资料和基础数据；
③ 学生根据设计任务要求，进行流程方案论证、工艺流程图绘制和设计计算；
④ 学生根据计算结果，编写设计说明书；
⑤ 学生根据设计说明书，绘制主体设备装配图；

⑥ 答辩和考核。

(2) 课程设计的考核要求

完整的课程设计考核由设计说明书、图纸和答辩三大部分组成。化工原理课程设计的任务要求每一位学生编写设计说明书 1 份，绘制图纸 2 张（工艺流程图和主体设备装配图），并要求学生对自己的作品进行答辩，以确保成绩评定的客观和公正。

1.4 课程设计的基本要求和其他相关说明

(1) 课程设计的基本要求

化工原理课程设计是训练化工类学生综合运用课堂所学理论知识解决实际工程问题的实践训练课程，通过化工原理课程设计，可使学生的工程实践能力和工程设计能力得到初步训练。因此，化工原理课程设计对学生有如下基本要求：

① 独立查阅文献资料、搜集相关数据、正确选用经验公式或数学模型；当缺乏必要数据时，能通过实验测定或到生产现场实地核查。

② 在技术先进可行和经济合理的前提下，综合分析设计任务要求，确定工艺流程方案、设备选型，优化操作条件和设备参数，同时兼顾环境、法律、伦理、安全、健康等制约因素，提出保证过程正常、安全运行所需的检测和操作参数。

③ 独立进行主要设备工艺设计计算和结构参数计算。

④ 用精炼简洁的工程语言和清晰的图表来表达自己的设计思想和计算结果。

(2) 课程设计的其他相关说明

化工原理课程设计是化工类学生接触的初级化工设计，主要涉及化工过程设计和化工设备设计。由于化工原料、工艺流程的多样性，工艺条件、产品规格和技术要求的特殊性，化工原理课程设计具有多目标优化的特点。因此，学生在完成化工原理课程设计时，需注意以下几点：

① 课程设计不同于解习题，设计计算时的依据和答案往往不是唯一的。故在设计过程中选用经验数据时，务必注意从技术上的可行性与经济上的合理性两个方面进行分析比较。一个合理的设计必须进行多方案的比较、多次设计计算方能得到。

② 在设计过程中指导教师原则上不负责审核运算数字的正确性。因此学生从设计开始就必须以严肃认真的态度对待设计工作，要训练自己独立分析、判断结果正确性的能力。设计过程中要求每位学生都具备高度的责任心和严谨的科学态度，只有这样才能达到课程设计能力培养和训练的目的。

③ 本书所介绍的化工原理课程设计原理和基本方法，均属化工原理课程设计的基本资料，无论在设备选型、设计方法、公式计算，还是图表数据等方面，均不应局限在本书范围。而应结合设计任务书的具体要求，广泛查阅和搜集有关资料，认真分析、对比和筛选，力求使设计的作品尽可能体现先进性和合理性。

④ 本书所列的设计内容仅是化工原理课程设计的基本要求，学生在完成规定任务的同时，可以依据个人情况，酌情在某些方面进行加深和提高。如对精馏方案的选定，可以多查阅一些参考资料充实设计方案的论证；塔板结构的设计计算可进行多种方案的选择比较；还可适当增加辅助设备的设计计算内容，采用相关流程模拟计算软件进行辅助设计，或自行编程计算等。

第 2 章 化工设计绘图基础

在化工设计过程中，为直观表达设计思想以及所采用的工艺流程、主设备的工艺尺寸和技术要求，通常需要绘制化工工艺图和化工设备图。化工工艺图主要包括工艺流程图、设备布置图和管道布置图。工艺流程图是根据所生产的化工产品及其有关技术数据和资料，由工艺人员设计并绘制的反映工艺流程的图样，是进行工艺安装和指导生产的重要技术文件。化工设备图是表达化工设备的结构、形状、大小、性能和制造、安装等技术要求的工程图样。为了能完整、正确、清晰地表达化工设备，常用的图样有化工设备总图、装配图、部件图、零件图、管口方位图、表格图及预焊接件图，作为施工设计文件的还有工程图、通用图和标准图等。在化工原理课程设计基础训练中，通常要求学生绘制工艺流程图和主体设备装配图。

2.1 工艺流程图

2.1.1 工艺流程图的分类

工艺流程图用于表示由原料到成品的整个生产过程中物料被加工的顺序以及各股物料的流向，同时表示生产中所采用的化学反应、化工单元操作及设备之间的联系，是化工过程技术经济评价的依据。

因使用要求不同，工艺流程图的内容详略不同，表述的重点、深度和广度也不同。按照工程设计的不同阶段，可分为工艺流程简图（simplified flowsheet diagram，SFD）、工艺流程图（process flow diagram，PFD）、带控制点的工艺流程图（process and control diagram，PCD）和管道及仪表流程图（piping and instrumentation diagram，PID）等。

(1) 工艺流程简图

工艺流程简图简称方案流程图，是在工艺路线选定后定性地表达物料由原料到成品或半成品的工艺流程，以及所采用的各种化工过程及设备的一种流程图。它一般是在设计的初始阶段，为方便进行物料衡算、能量衡算及有关设备的工艺设计计算，从而绘制的定性标明物料由原料转化为产品的过程、流向以及所采用的各种化工过程及设备的流程图。工艺流程简图可用于设计开始时工艺方案的讨论，也可作为设计工艺流程图和带控制点的工艺流程图的基础。它通常只带有示意的性质，一般只保留在设计说明书中，供化工计算时使用，施工时不使用，不列入设计文件，图幅无统一规定，图框和标题栏也可以省略。

工艺流程简图主要包括以下两方面的内容：

① 设备　用细实线绘出生产工艺中所使用的机器和设备示意图，并标注设备的名称和位号。

② 工艺流程　用粗实线表达物料由原料到成品或半成品的工艺流程路线，用箭头注明物料的流向，并用文字标明各管道路线的名称。

典型的工艺流程简图如图 2-1 所示，该图是某物料残液蒸馏处理系统的工艺流程简图。

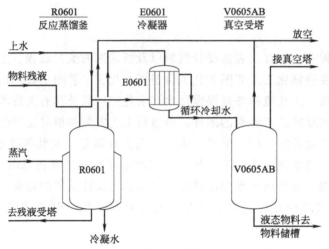

图 2-1　物料残液蒸馏处理系统的工艺流程简图

（2）工艺流程图

工艺流程图是在工艺流程简图的基础上，用图形与表格相结合的形式，反映设计中物料衡算和热量衡算结果的图样，用来描述界区内主要工艺物料的种类、流向、流量以及主要设备的特性数据等。物料流程图可为实际生产操作提供参考，也是进一步设计的依据，列入初步设计阶段的设计文件中，为设计审查资料之一。

工艺流程图除了含有工艺流程简图中的设备和工艺流程外，还包括以下两个方面内容。

① 主要设备特性参数　绘制工艺流程图时，需在设备位号及名称的下方加注设备特性数据或参数，如塔设备的直径、高度，储罐的容积，换热设备的换热面积，机器的型号等。

② 物料表　工艺流程图中最关键的部分是物料表。在流程的起始处以及使物料产生变化的设备后，列表注明物料变化前后组分的名称、流量（质量流量或摩尔流量）、组成（质量分数或摩尔分数）等。物料在流程中的某些工艺参数（如温度、压力等）可在流程线旁注写。热量衡算的结果也可在物料表中列出，并在相应的设备位置附近标明，如在换热器旁注明其热负荷。典型的物料表样式可见表 2-1。

表 2-1　工艺流程图中的物料表样式

名称	质量流量/(kg/h)	质量分数/%	摩尔流量/(mol/h)	摩尔分数/%
组分 1				
组分 2				
组分 3				
合计				

工艺流程图一般以车间为单位进行绘制，图形不一定按比例，但需要画出图框和标题栏，图幅大小要符合国家标准 GB/T 14689—2008 的相关规定。图 2-2 是乙苯精制的工艺流程图。

(3) 带控制点的工艺流程图

初步设计阶段的带控制点的工艺流程图，是在工艺流程图的基础上绘制的内容较为详尽的工艺流程图。带控制点的工艺流程图，由工艺设备、物料流程和控制点三部分组成，反映生产工艺的全部过程，是设备布置图和管道布置图的设计依据，也是施工安装、生产操作的重要参考资料，可作为设计的正式成果列入初步设计阶段的设计文件中。

在带控制点的工艺流程图中，应画出所有工艺设备、工艺物料管线、辅助管线、阀门、管件以及工艺参数（温度、压力、流量、液位、pH 值等）的测量点，并表示出自动控制方案。

带控制点的工艺流程图的基本要求如下：

① 设备　画出生产过程中的全部工艺设备，包括设备图例、位号和名称。

② 工艺流程　画出全部工艺物料和载能介质的流向，标明名称和技术规格。

③ 管道　画出全部物料管道和各种辅助管道（如水、冷冻盐水、蒸汽、压缩空气及真空等管道）的代号、材质、管径及保温情况。

④ 阀门及管件　画出全部工艺阀门以及阻火器、视镜、管道过滤器、疏水器等附件，但无须绘出法兰、弯头、三通等一般管件。

⑤ 检测点和控制点　画出全部仪表和控制方案，包括仪表的控制参数、功能、位号以及检测点和控制回路等。

⑥ 图例　将工艺流程图中画的有关管线、阀门、设备附件、计量-控制仪表等图形用文字予以说明，有时还要有设备位号的索引等。

带控制点的工艺流程图见图 2-3。

(4) 管道及仪表流程图

管道及仪表流程图是施工设计阶段带控制点的工艺流程图，它是工艺流程设计、设备设计、管道布置设计、自控仪表设计的综合成果。管道及仪表流程图要求画出全部工艺设备、物料管线、阀门、设备的辅助管路和控制仪表的图例、符号等。除了正常生产操作所需要的设备、管路、管件和控制系统外，还需考虑为开车、停车、事故、维修、取样、备用、再生所设置的管线以及检测、报警、控制和联锁系统的阀门和管件，同时要求详细标明所有的测量、调节和控制仪表的安装位置和功能代号。

管道及仪表流程图是指导管路安装、维修、运行的主要资料，是所有化工设计文件中最重要、最基础的文件。因此，必须在充分研究工艺过程，完全确定工艺流程后，在工艺流程图和带控制点的工艺流程图的基础上，逐步完善管道及仪表流程图。图 2-4 是管道及仪表流程图的示例。

化工原理课程设计作为学生初步设计的训练，不要求绘制管道及仪表流程图。

2.1.2　工艺流程图中常见的图形符号

化工工艺流程图中，常见的图形符号包括设备图例、管件阀门符号、仪表参量代号及仪表图形符号、物料代号和管线等。

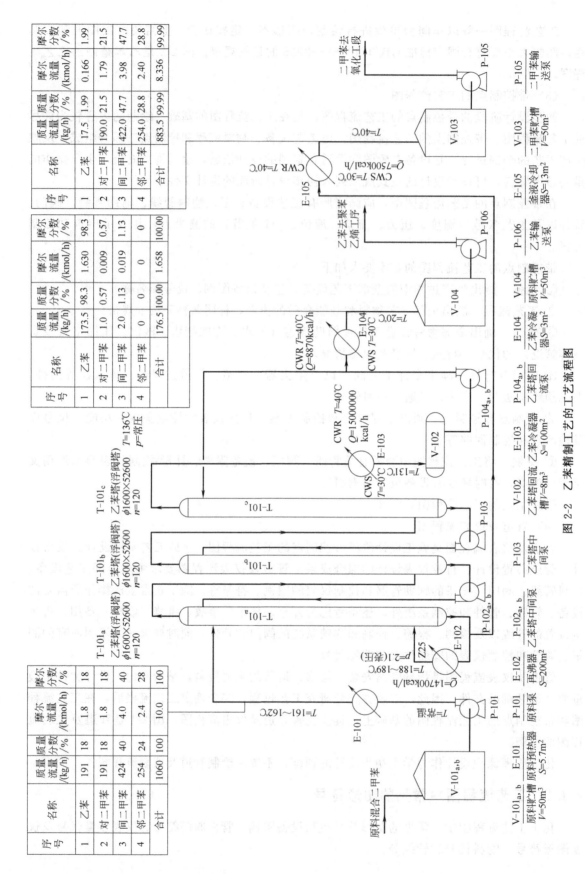

图 2-2 乙苯精制工艺的工艺流程图

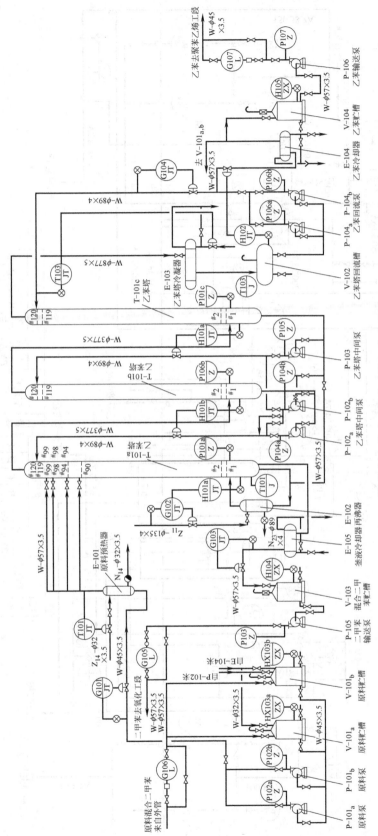

图 2-3 带控制点的碳八分离工段工艺流程图

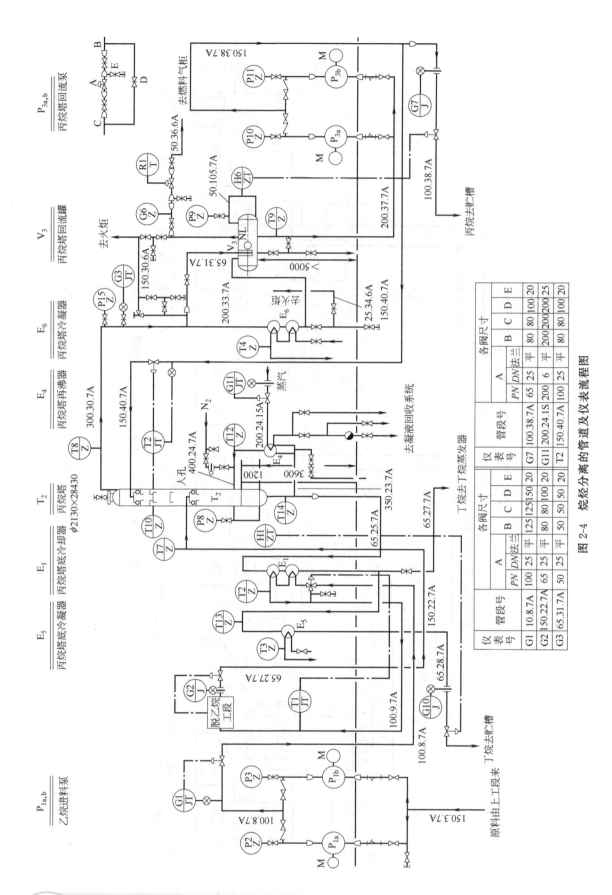

图 2-4 烷烃分离的管道及仪表流程图

(1) 常见设备图形与标注

① 设备的图形符号　化工工艺流程图中，常用细实线画出设备的简略外形和内部特征。常用设备的图形，可按 HG/T 20519—2009 规定的标准绘制，常用的标准设备图例见表 2-2。非标设备（机器）的图形可根据其实际外形和内部结构特征绘制，只取相对大小，不按实物比例。

表 2-2　工艺流程图中常见设备图例（HG/T 20519.2—2009）（摘录）

类别	代号	图例
塔	T	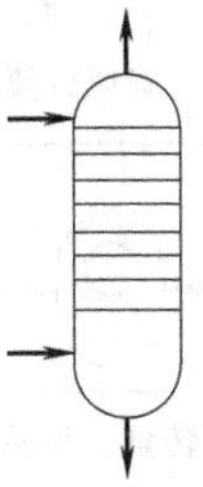 板式塔 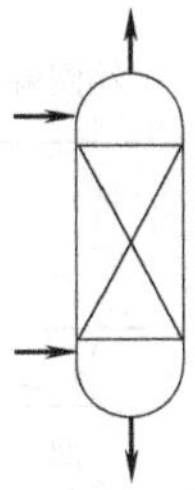　　填料塔 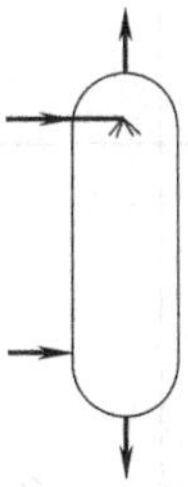　　喷洒塔
反应器	R	 固定床反应器 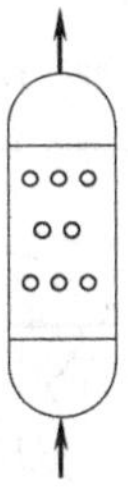　　流化床反应器 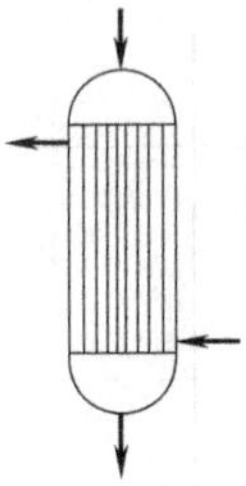　　列管式反应器
换热器	E	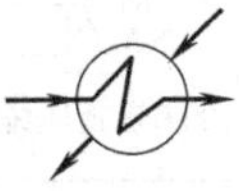 换热器(简图) 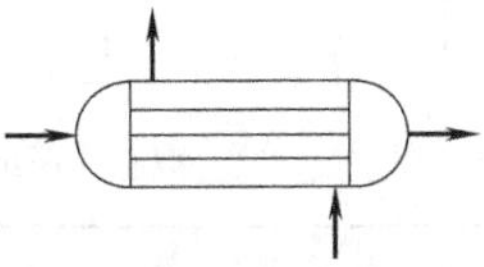　　固定管板式列管换热器 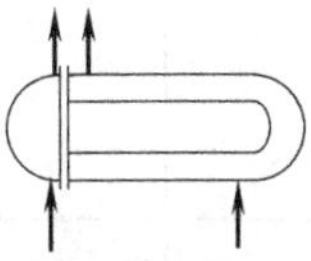　　U形管式换热器 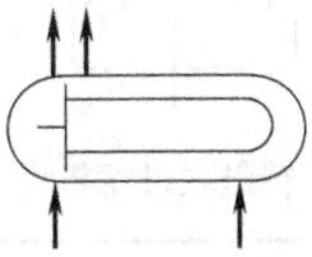 浮头式列管换热器 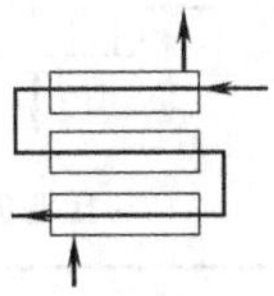　　套管式换热器 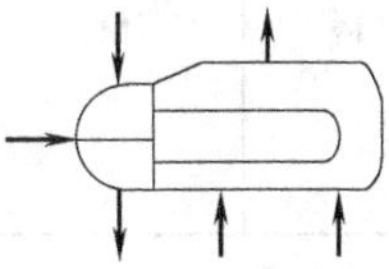　　釜式换热器
工业炉	F	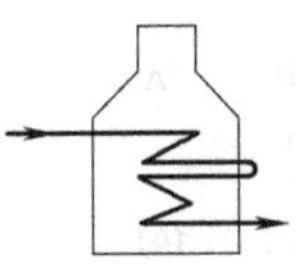 圆筒炉 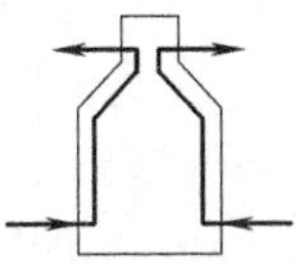　　圆筒炉 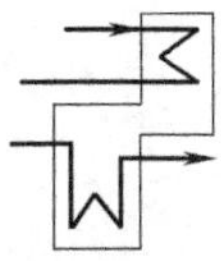　　箱式炉

第 2 章　化工设计绘图基础

类别	代号	图例
容器	V	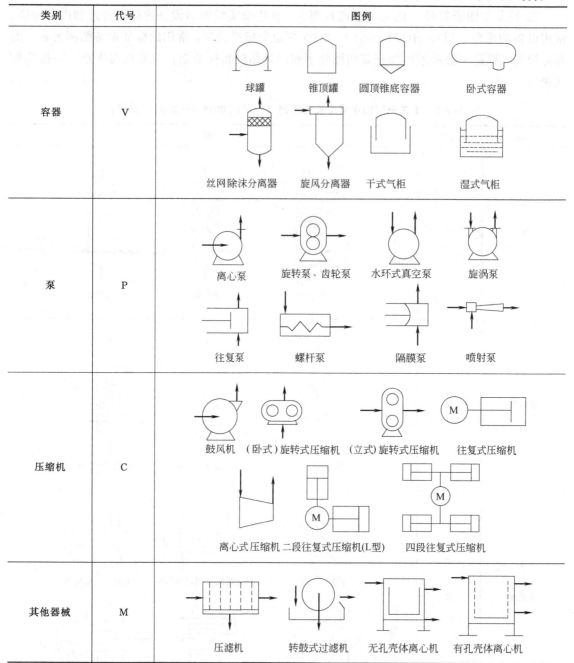
泵	P	
压缩机	C	
其他器械	M	

② 设备的标注 工艺流程图上应标注设备的位号及名称，设备位号在整个系统内不得重复，且在所有工艺流程图上设备位号均需一致。设备的标注如图 2-5 所示。

图 2-5 设备的标注

其中（1）为设备类别号，常用设备名称英文单词的第一个字母表示；（2）为设备主项编号，表示设备所在的工段（或车间）代号；（3）为主项内同类设备的顺序编号；（4）为相同设备的数量尾数。例如，设备位号 P0301A 表示第 03 工段（或车间）的第 01 号泵。如有数台相同设备，则在其后加大写英文字母 A、B、C 区分设备。

设备位号应在两个地方进行标注，一是在图的上方或下方，标注的位号排列要整齐，尽可能地排在相应设备的正上方或正下方，并在设备位号线下方标注设备的名称。二是在设备内或其附近，仅注位号，不注名称。但对于流程简单、设备较少的流程图，也可直接从设备上用细实线引出，标注设备位号。

③ 设备的分类代号　设备标注需要用到设备分类代号，常见的设备分类代号见表 2-3。

表 2-3　单元设备分类代号

单元设备	代号	单元设备	代号	单元设备	代号
反应器	R	烟囱、火炬	S	塔	T
容器（槽、罐）	V	压缩机、风机	C	其他机械	M
泵	P	工业炉	F	计量设备	W
起重运输设备	L	换热器	E	其他设备	X

（2）管件与阀门的图形符号

工艺流程图上管道上的阀门和管件均用细实线画出。弯头、法兰、三通等管道之间的一般连接件，如无特殊需要，均不需绘出（为安装、检修等所加的法兰、螺纹连接等仍需绘出）。常用管件与阀门的图形符号见表 2-4。

表 2-4　常用管件与阀门的图形符号（HG/T 20519.2—2009）（摘录）

名称	图例	名称	图例
Y 形过滤器		三通旋塞阀	
T 形过滤器	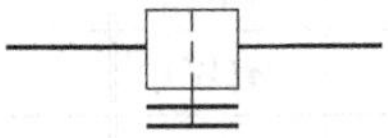	四通截止阀	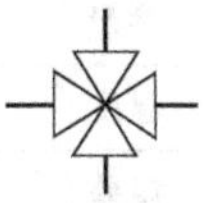
锥形过滤器	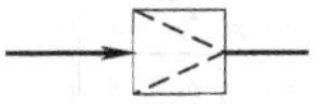	角式弹簧安全阀	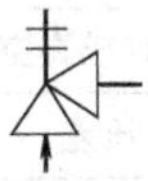
阻火器		角式重锤安全阀	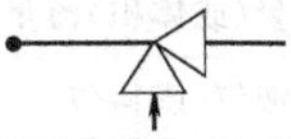
文氏管	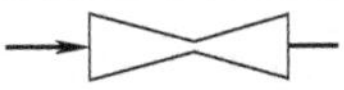	止回阀	
消声器	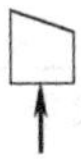	直流截止阀	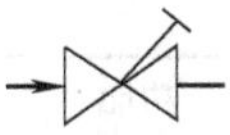
喷射器	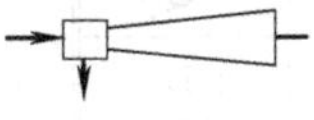	底阀	
截止阀		疏水阀	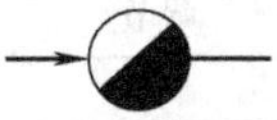

续表

名称	图例	名称	图例
节流阀		漏斗	敞口　封闭
闸阀		放空帽(管)	帽　管
角式截止阀		同心异径管	
球阀		视镜、视钟	
蝶阀		爆破片	
减压阀		喷淋管	
旋塞阀			

（3）常见仪表参量代号及仪表图形符号

在带控制点的工艺流程图和管道及仪表流程图上，必须用细实线绘出和标明与工艺有关的全部检测仪表、控制系统、分析取样点和取样阀等。仪表检测点和控制点用符号表示，并从其安装位置引出。符号包括图形符号和字母代号，它们组合起来表达仪表功能、被检测变量、检测方法。常见的检测控制仪表参量代号见表2-5，仪表功能代号见表2-6，仪表图形符号见表2-7。

表2-5　仪表参量代号

参量	代号	参量	代号	参量	代号
温度	T	质量(或重量)	$m(W)$	频率	f
温差	ΔT	转速	N	位移	S
压力(或真空)	P	浓度	C	长度	L
压差	ΔP	密度(相对密度)	$\rho(\gamma)$	热量	Q
质量(或体积)流量	G	湿度	Φ	氢离子浓度	pH
液位(或料位)	H	厚度	δ		

表2-6　仪表功能代号

功能	代号	功能	代号	功能	代号
指示	I	积分累积	Q	联锁	S
记录	R	指示灯	L	多功能	U
调节	C	手动控制	K	检测元件	E

表 2-7　仪表图形符号

符号	○	⊖	⊖	⏑	 ⏑	⏒	⊟	 Ⓢ	Ⓜ	⊗	⏷	⏉
意义	就地安装	集中安装	通用执行机构	无弹簧气动阀	有弹簧气动阀	带定位气动阀	活塞执行机构	电磁执行机构	电动执行机构	变送器	转子流量计	孔板流量计

（4）工艺流程图中的物料代号

工艺流程图中的物料代号见表 2-8。

表 2-8　物料名称及代号

物料代号	物料名称	物料代号	物料名称	物料代号	物料名称
AR	空气	GO	填料油	PG	工艺气体
AL	液氨	H	氢	PL	工艺液体
BW	锅炉给水	HWS	热水上水	PW	工艺水
CSW	化学污水	HS	高压蒸汽	RO	原油
CWR	循环冷却水回水	HWR	热水回水	RW	原水、新鲜水
CWS	循环冷却水上水	IA	仪表空气	SC	蒸汽冷凝水
DNW	脱盐水	LO	润滑油	SL	泥浆
DR	排液、导淋	LS	低压蒸汽	SO	密封油
DW	自来水、生活用水	MS	中压蒸汽	SW	软水
FG	燃料气	NG	天然气	TS	伴热蒸汽
FO	燃料油	N	氮	VE	真空排放气
FV	火炬排放气	O	氧	VT	放空
FSL	熔盐	PA	工艺空气		

注：在工程设计中遇到本规定以外的物料时，可予以补充代号，但不得与上列代号相同。

（5）管道流程线表示及标注

① 管道流程线的画法　有关的管道流程线的规定画法见表 2-9。绘制管线时，为使图面美观，管线应横平竖直，不用斜线。图上管道拐弯处，一般画成直角而不是圆弧形。所有管线不可横穿设备，同时，应尽量避免交叉，不能避免时，采用一线断开画法。采用这种画法时，一般规定"细让粗"，当同类物料管道交叉时尽量统一，即全部"横让竖"或"竖让横"。

表 2-9　工艺流程图中管道的图例（HG/T 20519—2009）（摘录）

名称	图例	备注
主物料管道	———	粗实线
次要物料管道，辅助物料管道	———	中粗线
引线、设备、管件、阀门、仪表图形符号和仪表管线等	———	细实线
原有管道（原有设备轮廓线）	———	管线宽度与其相接的新管线宽度相同
地下管道（埋地或地下管沟）	-------	

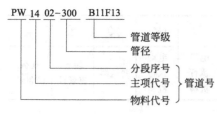

图 2-6 管道标注

② 管道的标注　管道标注内容包括管道号、管径和管道等级三部分。其中，前两部分为一组，其间用一短横线隔开；管道等级为另一组，组间留适当空隙。其标注内容见图 2-6。

管道号包括物料代号、主项代号、分段序号。对于物料代号无规定的，可采用英文代号补充，但不得与规定代号相同。主项代号用两位数字表示，应与设备位号的主项代号一致。分段序号按生产流向依次编号，采用两位数字表示。

一般标注公称直径，有时也注明管径、壁厚，公制管径以毫米（mm）为单位时，只注数字，不注单位，必须标注外径×厚度，如 PW 050250×25。英制管径以英寸为单位，需标注英寸的符号（in）。

按温度、压力、介质腐蚀等情况，预先设计不同管材规格，制定等级规定。在管道等级与材料选用表尚未实施前可暂不标注。

③ 标注方法　一般情况下，横向管道标注在管道上方，竖向管道标注在管道左侧。

2.1.3　工艺流程图的绘制

(1) 图的内容

① 图形　将各设备的简单形状展开在同一平面上，再配以连接的主辅管线及管件、阀门、仪表控制点的符号。

② 标注　注写设备位号及名称、管段编号、控制点代号、必要的尺寸等。

③ 图例　代号、符号及其他标注的说明，有时还有设备位号索引等。

④ 标题栏　注写图名、图号、设计阶段。

(2) 图的绘制范围

工艺流程图必须反映出全部工艺物料和产品所经过的设备。

① 应全部反映出主物料管道，并表达出进出装置界区的流向。

② 冷却水、冷冻盐水、工艺用的压缩空气、蒸汽（不包括副产品蒸汽）及蒸汽冷凝液等公用工程系统的整套设备和管线不在图内表示，仅示意工艺设备使用点的进出位置。

③ 标出有助于用户确认及上级或有关领导审批用的一些工艺数据（如：温度、压力、物流的质量流量或体积流量、密度、换热量等）。

④ 图上必要的说明和标注，并按图签规定签署。

⑤ 必须标注工艺设备、工艺物流线上的主要控制点及调节阀等，这里指的控制点包括被测变量的仪表功能（如调节、记录、指示、积算、联锁、报警、分析、检测等）。

(3) 图的绘制步骤

① 用细实线（0.3mm）画出设备简单外形，设备一般按 1∶100 或 1∶50 的比例绘制，如某种设备过高（如精馏塔）、过大或过小，则可适当放大或缩小。常用设备外形可参照表 2-2，对于无示例的设备可绘出其象征性的简单外形，表明设备的特征即可。

② 用粗实线（0.9mm）画出连接设备的主物料管道，并注出流向箭头。

③ 物料平衡数据可直接在物料管道上用细实线引出并列成表。

④ 辅助物料管道（如冷却水、加热蒸汽等）用中粗线（0.6mm）表示。

⑤ 设备的布置原则上按流程图由左至右，图上一律不标示设备的支脚、支架和平台等，

一般情况下也不标注尺寸。

(4) 图幅大小及格式

① 图纸幅面尺寸　根据 GB/T 14689—2008 的规定，绘制技术图样时优先采用表 2-10 所规定的基本幅面（如图 2-7 所示）。必要时也允许选用符合规定的加长幅面。

表 2-10　图纸基本幅面尺寸　　　　　　　　　　　　　　　　单位：mm

幅面代号	A0	A1	A2	A3	A4
$B \times L$	841×1189	594×841	420×594	297×420	210×297
e	20	20	10	10	10
c	10	10	5	5	5
a	25	25	25	25	25

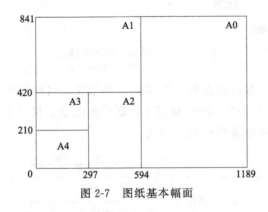

图 2-7　图纸基本幅面

② 图框格式及标题栏位置　图框格式分为留装订边和不留装订边两种，同一产品只能采用同一种格式。图框线用粗实线绘制，留装订边的图框格式如图 2-8 所示，不留装订边的图框格式如图 2-9 所示。

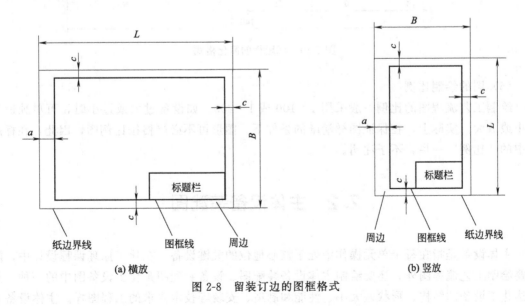

(a) 横放　　　　　　　　　　　　　(b) 竖放

图 2-8　留装订边的图框格式

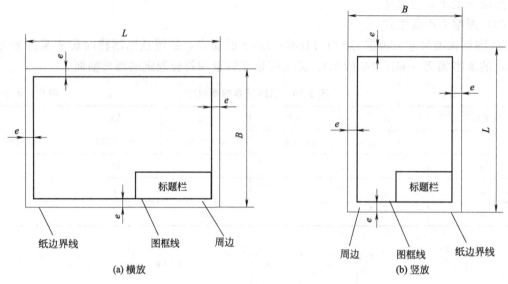

图 2-9 不留装订边的图框格式

③ 标题栏 标题栏一般由更改区、签字区、其他区、名称及代号区组成，也可按实际需要增加或减少，GB/T 14689—2008 规定了标题栏的组成、尺寸及格式等内容。学习阶段做练习可采用图 2-10 所示标题栏的简化格式。

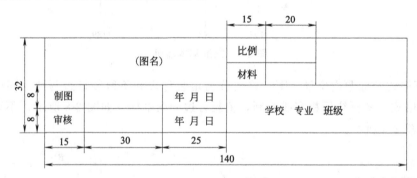

图 2-10 标题栏的简化格式

(5) 图的绘制比例

绘制工艺流程图的比例一般采用 1∶100 或 1∶200。如设备过大或过小时，可单独适当缩小或放大。实际上，在保证图样清晰的条件下，图形可不必严格按比例图，因此，在标题栏中的"比例"一栏，不予注明。

2.2 主体设备装配图

主体设备是指在每个单元操作中处于核心地位的关键设备。在化工原理课程设计中，除了要绘制工艺流程图外，还要绘制主体设备装配图。设备装配图是化工设备图中的一种，是表达化工设备的结构、形状、大小、性能和制造、安装等技术要求的工程图样。主体设备装配图的绘制是课程设计的核心内容,也是本节讨论的重点。

2.2.1 主体设备装配图常用的表达方法

化工设备的基本形体多为回转体,故常采用两个基本视图,再配以局部视图来表达。图中除了标题栏明细表和技术要求之外,还有管口表和技术特性表。

(1) 基本视图表达方法

对立式设备,常用主视图表达轴向形体,且常作全剖,用俯视图表达径向形体。对于高大的设备也可横卧来画,与卧式设备表达方法相同,以主视图表达轴向形体,用左(右)视图表达径向形体。对特别高大或狭长的设备,如果视图难以按投影位置放置时,允许将俯(左)视图绘制在图样的其他空处,但必须注明"俯(左)视图"或"X 向"等字样。当设备需较多视图才能表达完整时,允许将部分视图画在数张图纸上,但主视图及该设备的明细表、技术要求、技术特性表、管口表等均应安排在第一张图纸上,同时在每张图纸上应说明视图间的关系。

(2) 局部放大和夸大表达

按总体尺寸选定的绘图比例,往往无法将其局部结构表达清楚,因此常用局部放大图(又称节点放大图)来表示局部详细结构,局部放大图常用剖视、剖面来表达,也可用一组视图来表达,如图 2-11 所示。

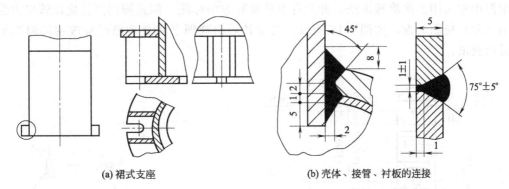

(a) 裙式支座　　　　　　　(b) 壳体、接管、衬板的连接

图 2-11　局部放大图

某些部位因绘图比例较小,可采用不按比例的夸大画法,如设备的壁厚常用双线夸大地画出,剖面线符号用涂色方法来代替。

(3) 断开画法和分段画法

对于过长或过高的化工设备,如换热器、塔器等,当其沿轴线方向有相当部分的结构或形状相同时,可以采用断开画法,即用双点划线将设备中重复的结构断开,使图线缩短,从而简化作图,以便于选用较大的比例作图,合理使用图纸幅面。图 2-12 的填料塔就采用了断开画法。

对于较高的塔器,在不宜采用断开画法时,可采用分段画法,即将整个塔体分为若干段,以便于绘图时图面布置和比例的选择,如图 2-13 所示。

若断开画法和分段画法造成设备总体表达不完整,可采用缩小比例、单线画出设备的整体外形图或剖视图,在整体图上,标注总高尺寸、各零部件定位尺寸及各管口的标高尺寸,如图 2-14 所示。

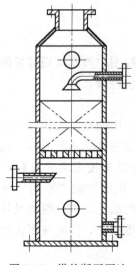
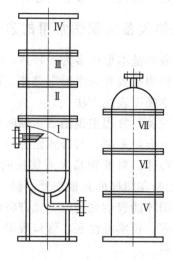

图 2-12 塔的断开画法　　　　　图 2-13 塔的分段画法

(4) 多次旋转表达

为了在同一主视图上反映出结构方位不同的管口和零部件的真实形状和位置,在主体设备装配图中常采用多次旋转画法,并允许不作旋转方向标注,但其周向方位应以管口方位图或以俯(左)视图为准,如图 2-15 所示。当旋转后出现图形重叠现象时应改用局部视图等方法另行画出。

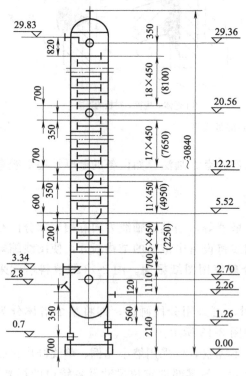
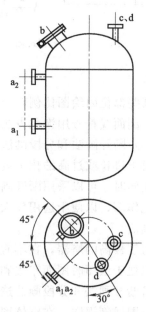

图 2-14 塔的整体外形图　　　　　图 2-15 多次旋转表达示意图

20　化工原理课程设计

(5) 管口方位的表达方法

化工设备上管口和附件的方位,在设备制造和安装中是至关重要的,必须表达清楚。如图 2-16 所示,用中心线标明管口位置,用粗实线示意画出设备管口,在方位图上标明与主视图相同的英文小写字母。若俯视图已将各管口方位标注清楚,则可不再画管口方位图。

此外,设备中如有若干个结构相同仅尺寸不同的零部件,可集中综合列表表达它们的尺寸。

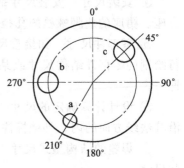

图 2-16 管口方位图

2.2.2 主体设备装配图的尺寸标注

主体设备装配图的尺寸标注,与一般机械装配图基本相同。除了遵守《机械制图 尺寸注法》GB4458.4—2003 中的规定外,还需结合化工设备的特点,尽量使标注的尺寸正确、完整、清晰、合理,以满足化工设备制造、检验和安装的需要。

(1) 尺寸种类

如图 2-17 所示,主体设备装配图上需要标注的尺寸一般包括以下几类。

① 规格性能尺寸 规格性能尺寸指的是反映化工设备规格、性能、特征和生产能力的尺寸。这些尺寸是设备设计时确定的,是了解设备工作能力的主要依据,如图 2-17 中内径 ϕ2000mm、筒体长度 5650mm 等。

② 装配尺寸 装配尺寸反映的是零部件间的相对位置,是制造化工设备的重要依据。如图 2-17 左图中人孔的装配尺寸(600mm)、罐体支座的装配尺寸(1070mm)、接管的定位尺寸(c、d、e 三个接管的中心距 300mm)、接管的伸出长度尺寸(c、d、e 三个接管的长度 150mm)等。

③ 外形尺寸 外形尺寸反映的是设备总长、总高、总宽。这类尺寸对于设备的包装、运输、安装及厂房设计等是十分必要的。如图 2-17 左图中的容器总长 6825mm,右图中总高 2600mm、总宽为筒体外径 2024mm。

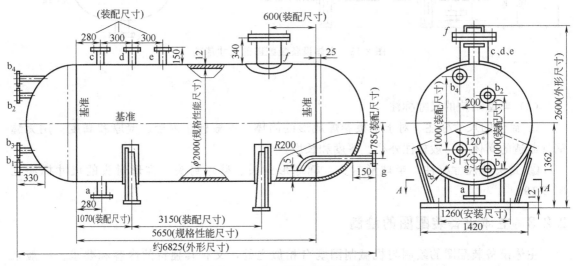

图 2-17 化工设备的尺寸标注

④ 安装尺寸　安装尺寸是化工设备安装或与其他设备及部件相连接时所需的尺寸，如支座、裙座的地脚螺栓的孔径和孔间距定位尺寸等。如图2-17右图中的1260mm。

⑤ 零部件尺寸　如接管尺寸标注外径×壁厚，填料尺寸标注外径×高×壁厚等。不另行绘制的零部件结构尺寸或某些重要尺寸，在明细表中标注零部件的名称、规格和标准号即可。

⑥ 设计计算确定的尺寸　如筒体和封头厚度、搅拌轴直径等。筒体和封头的厚度尺寸沿其法线方向的内、外壁标注（见图2-17中筒体厚度的标注）。

⑦ 焊缝的结构型式尺寸　对于一些重要焊缝，在其局部放大图中应标注其横截面的形状尺寸。

(2) 尺寸基准

主体设备装配图中的尺寸标注，既要保证设备在制造安装时达到设计要求，又要便于测量和检验。因此，应正确选择尺寸基准。如图2-18所示，主体设备装配图的尺寸基准一般为：

① 设备筒体和封头的轴线；

② 设备筒体和封头的环焊缝；

③ 设备法兰的连接面；

④ 设备支座、裙座的底面；

⑤ 接管轴线与设备表面的交点。

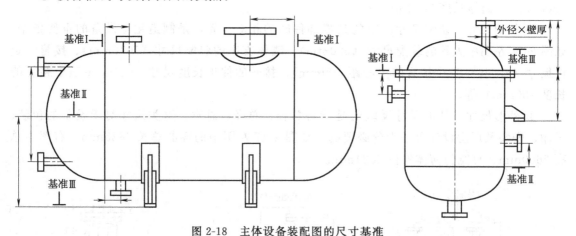

图2-18　主体设备装配图的尺寸基准

(3) 典型结构的尺寸标注

① 筒体的尺寸标注　对于钢板卷焊成形的筒体，一般标注内径、壁厚和高度；用无缝钢管制造的筒体，一般标注外径、厚度和长度。

② 封头的尺寸标注　半球形封头、椭球形封头、碟形封头、锥形封头的尺寸标注见图2-19。

2.2.3　主体设备装配图的绘制

主体设备装配图的绘制与机械制图既有相似之处，又有其独特的内容和要求。一般来说，主体设备装配图包括主视图、俯视图、必要的剖面图和局部放大图，此外还包括设备技

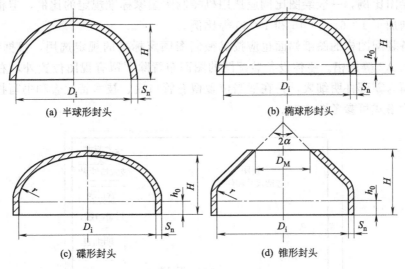

(a) 半球形封头　　(b) 椭球形封头　　(c) 碟形封头　　(d) 锥形封头

图 2-19　封头的尺寸标注

术要求、主要参数、管口表、零部件明细表、标题栏等内容。

(1) 装配图内容

主体设备装配图一般包括下列内容：

① 视图　视图是图样的主要内容。根据设备复杂程度，采用一组视图，从不同的方向清楚表示设备的主要结构形状和零部件之间的装配关系。视图采用正投影方法，按国家标准的要求绘制。

② 尺寸　图上应注写必要的尺寸，作为设备制造、装配、安装、检验的依据。这些尺寸主要有表示设备大小的总体尺寸，表示规格大小的特性尺寸，表示零部件之间装配关系的装配尺寸，表示设备与外界安装关系的安装尺寸。注写这些尺寸时，除数据本身要绝对正确外，标注的位置方向等都应严格按规定来处理。如尺寸应尽量安排在视图的右侧和下方，数字在尺寸线的左侧或上方。不允许标注封闭尺寸，参考尺寸和外形尺寸例外。尺寸标注的基准面一般从设计要求的结构基准面开始，并考虑所注尺寸应便于检查。

③ 零部件编号及明细表　将图上组成该设备的所有零部件依次用数字编号，并按编号顺序在明细表（在主标题栏上方）中从下向上逐一填写每一个编号的零部件的名称、规格、材料、数量、质量及有关图号或标准号等内容。

④ 管口符号及管口表　设备上所有管口均须用英文小写字母依次在主视图和管口方位图上对应注明符号。并在管口表中从上向下逐一填写每一个管口的尺寸、连接尺寸及标准、连接面形式、用途或名称等内容。

⑤ 技术特性表　用表格形式表达设备制造检验的主要数据。

⑥ 技术要求　用文字形式说明图样中不能表示出来的要求。

⑦ 标题栏　位于图样右下角，用以填写设备名称、主要规格、制图比例、设计单位、设计阶段、图样编号以及设计、制图、校审等有关责任人签字等内容。

(2) 装配图绘制步骤

装配图绘制步骤大致如下：

① 选定视图表示方案、绘图比例和图面安排　根据所选定的视图方案，按照设备的总

体尺寸确定绘图比例,一般绘图比例应选用机械制图国家标准规定的比例,但根据化工设备的特点,还增加了1∶6、1∶15和1∶30等比例。

主体设备装配图样的图纸幅面也应按机械制图国家标准的规定选用,根据设备的特点,允许选用加长A2等图幅。主体设备装配图的图面布置除了留有视图位置外,右下角从标题栏开始,上面为零部件明细表,另在适当位置留有管口表、技术特性表和书写技术要求的位置,图纸表达格式可参考图2-20。

图 2-20　装配图的总图格式

② 绘制视图底稿　依据选定的视图方案,先画主要基准线,即主视图中筒体与封头的中心线及左视图(俯视图)的中心线。绘制视图应先从主视图画起,左视图(俯视图)配合一起画,一般是沿着装配干线,先画主体、后画零部件,先定位、后画形状,先画外件、后画内件。基本视图画完后,再画局部放大图等辅助视图。

③ 标注尺寸和焊缝代号　标注设备尺寸时,先根据本章尺寸基准的选择原则选定尺寸基准,然后按本章归类的尺寸标注种类逐一标注设备尺寸。

常用的焊接方法包括电弧焊、接触焊、电渣焊、钎焊等,其中以电弧焊应用最广。各种焊接方法在图样上均用数字表示,标注采用的标准号和名称见表2-11。焊缝尺寸标注示例见表2-12。

表 2-11　常用焊接方法数字代号 (GB5185—2005)

焊接方法	数字代号	焊接方法	数字代号	焊接方法	数字代号
电弧焊	1	缝焊	22	激光焊	52
焊条电弧焊	111	气焊	3	电渣焊	72
埋弧焊	12	氧乙炔焊	311	电子束焊	51
电阻焊	2	压力焊	4	硬钎焊	91
等离子弧焊	15	摩擦焊	42	软钎焊	94
点焊	21	超声波焊	41	烙铁软钎焊	952

表 2-12　焊缝尺寸标注示例 (摘自 GB/T 324—2008)

焊缝名称	示意图	尺寸符号	标注方法
对接焊缝		S:焊缝的有效高度	

续表

焊缝名称	示意图	尺寸符号	标注方法
连续角焊缝	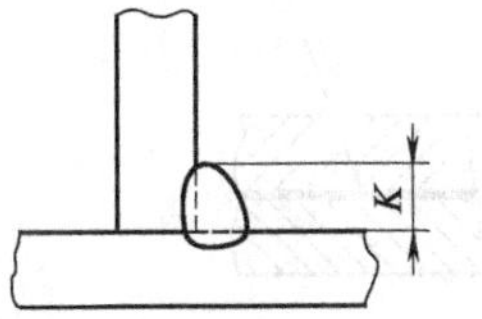	K:焊脚尺寸	
交错断续角焊缝	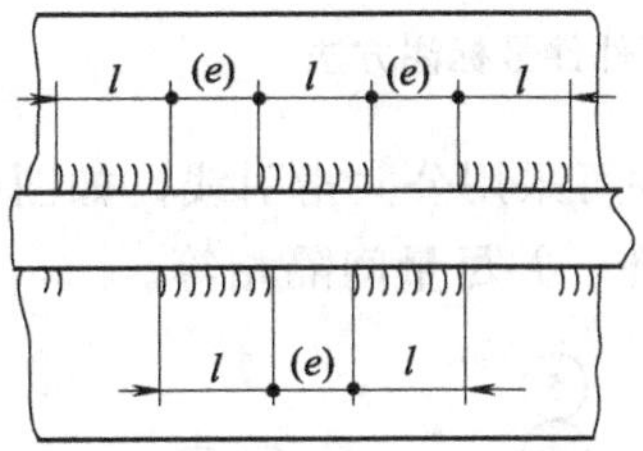	l:焊缝长度 e:间距 n:焊缝段数 K:焊脚尺寸	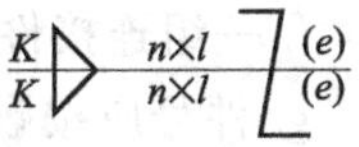
塞焊缝或槽焊缝	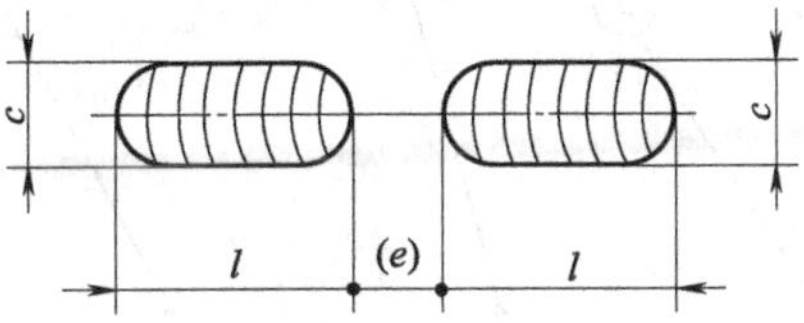	l:焊缝长度 e:间距 n:焊缝段数 c:槽宽	 $c \sqcup n \times l(e)$
点焊缝	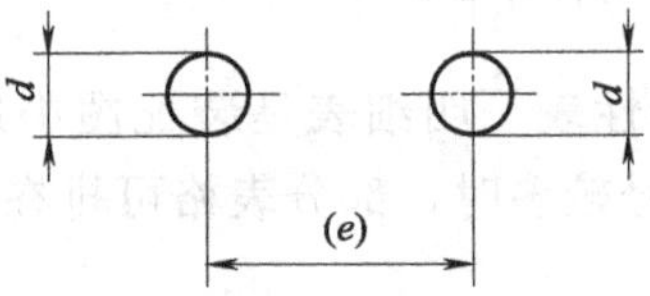	n:焊点数量 e:焊点距 d:熔核直径	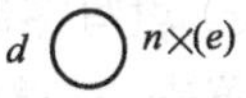 $d \bigcirc n \times (e)$

④ 编排管口符号　管口符号的编排一律使用a、b、c等编写，字体大小同零部件件号，标注在各视图中管口的投影旁边。规格、用途和连接面形式不同的管口，均应单独编写管口符号；规格、用途和连接面形式完全相同的管口，则应编排同一符号，但在符号的右下角加阿拉伯数字脚注，以示区别，如a_1、a_2、a_3。管口符号应从主视图的左下方开始，按顺时针方向依次编写。其他视图上的管口符号，则根据主视图中对应的符号进行填写。

⑤ 编排零部件件号　装配图上的零部件件号的编排一律使用1、2、3等，件号按顺时针或逆时针方向整齐排列。同一张装配图上相同的零部件只编写一个件号，该件号与标题栏上方明细表中的件号一致。零部件件号的编写方法如下：

a. 在所指零部件的可见轮廓内画一圆点，从圆点开始画指引线（细实线），在指引线的另一端画一水平线或圆，在水平线上或圆内标注序号，如图2-21(a)所示；

b. 在指引线的另一端直接标注序号，如图2-21(b)所示；

c. 若所指零件内不便画圆点，如涂黑的剖面或薄零件，则在指引线的末端画箭头，如图2-21(c)所示；

d. 规格相同的零件只编一个件号，标准化组件如波动轴承、电动机等，可看作一个整体，编注一个件号；

e. 指引线尽可能均匀分布且不得相交，当通过有剖面线的区域时，要尽量不与剖面线平行，必要时可画成折线，但只允许弯折一次，如图2-21(d)所示；

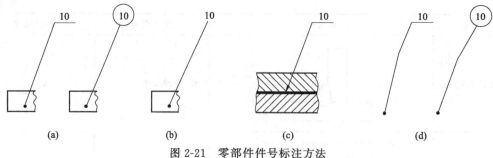

图 2-21　零部件件号标注方法

f. 一组连接件或装配关系清楚的装配组件可采用公共指引线，如图 2-22 所示；

g. 件号应按顺时针或逆时针方向排列整齐，并尽量间隔相等。

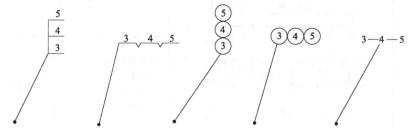

图 2-22　零部件件号形式

⑥ 填写零部件明细表、管口表和技术特性表　明细表是装配图中所有零部件的基本情况一览表，一般位于主标题栏的上方，当件号较多时，部分表格可排在标题栏的左侧，其格式如图 2-23 所示，具体内容如下：

a. 件号。应与装配图中的件号一致，并规定由下而上按顺序逐一填写。

b. 图号或标准号。仅填零部件图的图号；不画零部件图时不填。如果零部件是标准件，则填标准号，或填通用图号。

c. 名称。仅填零部件名称和规格，注意起名应明确、简短并具有公认性。对于标准零部件常常这样填写：椭圆封头 $DN\ 1600 \times 10$，填料箱 $PN\ 0.6\ DN\ 80$ 等；对于不另画零部件图的零部件，在名称后要标注尺寸，如筒体 $DN\ 1200$、$\delta_n = 15$、$H = 1800$ 等。

d. 数量。填写装配图中同一件号零部件的全部数量。

e. 材料。填写装配图中零部件的材料代号或名称。

f. 质量。填写装配图中零部件单件和总件的计算质量，以千克（公斤）为计量单位时允

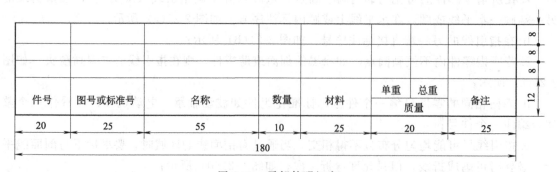

图 2-23　零部件明细表

许不写出计量单位。

　　g.备注。填写该项的附加说明或其他有关内容，如齿轮的模数、齿数等。

　　管口表一般位于明细表的上方，内容包括管口名称、尺寸、规格和连接面形式等，供制造、检验和备料使用，其格式见图2-24，具体内容如下：

　　a.管口编号。由上至下按a、b、c等的顺序填写。

　　b.公称尺寸。按管口公称直径或实际内径填写。

　　c.连接尺寸标注。填写对外连接的管口、法兰的有关尺寸和标准。用螺纹连接的管口则填连接螺纹规格，如ZG3/4、G3/4等。

　　d.连接面形式。填写管口法兰连接面形式，如突面、榫槽面、螺纹面等代号。

　　e.名称。填写管口的名称或用途，如人孔、进气口、液位计接口等。

编号	公称尺寸	连接尺寸标准	连接面形式	名称
a	100	PN 1.6 DN 100 HG 20592	M	排污口
b_{1-4}	20	PN 1.6 DN 20 HG 20592	FM	液位计接口
c	50	PN 1.6 DN 50 HG 20592	FM	液氨进口
d	25	PN 1.6 DN 25 HG 20592	FM	安全阀接口
e	25	PN 1.6 DN 25 HG 20592	FM	放空口
f	450			人孔
g	65	PN 1.6 DN 65 HG 20592	FM	排液口
10	20	50	15	25

图2-24　管口表及其格式

　　技术特性表是表示设备重要技术特性和设计依据的一览表，一般位于管口表的上方，如图2-25所示。其内容包括工作压力、工作温度、容积、物料名称、换热面积、搅拌转速、搅拌类型、焊缝系数、腐蚀裕度及有关设备的性能等。

工作压力/MPa	釜体	0.35	工作温度/℃	釜体	120
	夹套	常压		夹套	130
设计压力/MPa	釜体	0.385	设计温度/℃	釜体	120
	夹套	0.1		夹套	130
物料名称	釜体：丙烯酸、丙烯酸甲酯等有机物、$N_2(g)$		腐蚀裕度/mm	釜体	1.0
	夹套 导热油			夹套	1.0
焊缝系数 Φ	釜体	0.85	公称容积/mm³		2.0
	夹套	0.85	操作容积/mm³		1.2
电机功率/kW	4		搅拌转速/(r/min)		80
安全阀启动压力/MPa	0.385				
容器类别	Ⅰ				
25	25		25		25

图2-25　技术特性表

⑦ 编写图面技术要求、标题栏　图面技术要求是以文字形式来说明图上不能或没有说明的内容，包括设备在制造、试验和验收时应遵循的标准、规范，对材料、表面处理、润滑、包装、保管和运输等方面的特殊要求，以及制造、装配、验收中的技术指标。

标题栏一般画在装配图的右下角，格式可参照图2-26。

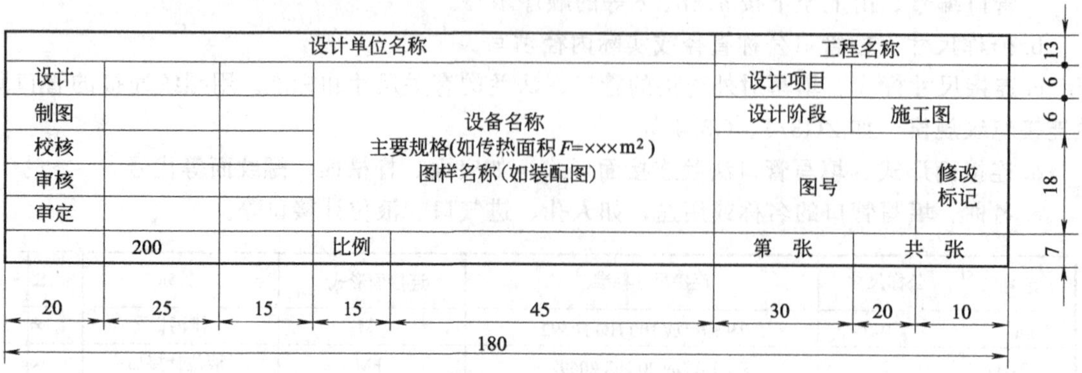

设计单位名称					工程名称		13
设计			设备名称 主要规格(如传热面积F=×××m²) 图样名称(如装配图)		设计项目		6
制图					设计阶段	施工图	6
校核					图号	修改 标记	18
审核							
审定							
200			比例		第　张	共　张	7
20	25	15	15	45	30	20	10
180							

图2-26　标题栏

⑧ 全面校核、审定后，画剖面线后重描。

以上是一般绘图步骤，有时每步之间相互穿插。

第 3 章
列管式换热器设计

3.1 概述

换热器是将热流体的部分热量传递给冷流体的设备,又称热交换器。换热器按用途可以分为冷却器、冷凝器、加热器、预热器、过热器、蒸发器、再沸器等。按换热器传热面形状和结构主要可以分为管式换热器、板式换热器和特殊形式换热器。在换热器设计中,当完成了其工艺设计计算后,换热器的工艺尺寸即可确定。若能用热交换器标准系列选型,则结构尺寸随之确定,否则尽管在传热计算和流体阻力计算中已部分确定了结构尺寸,仍需进行结构设计,这时的结构设计除应进一步确定那些尚未确定的尺寸以外,还应对那些已确定的尺寸作某些校核、修正。

换热器的种类繁多,其中以管式换热器中列管式技术最为成熟,在石化、轻工等行业应用广泛。对于列管式换热器,其机械设计主要有两方面:一方面是工艺结构与机械结构设计,主要是确定有关部件的结构形式,结构尺寸、零件之间的连接等。比如,管板结构尺寸;折流板尺寸、间距;管板与换热管的连接;管板与壳体、管箱的连接;管箱结构;折流板与分程隔板的固定;法兰与垫片;膨胀节;浮头结构等。另一方面是换热器受力元件的应力计算和强度校核,以保证换热器安全运行。比如封头、管箱、壳体、膨胀节、管板、管子等。

本章以列管式换热器为例介绍换热器的工艺设计方法和机械设计方法。

3.1.1 列管式换热器的结构与类型

列管式换热器又称管壳式换热器,是一种通用标准换热设备,由管箱、壳体、管束等主要元件组合构成。管束是列管式换热器的基础和核心,换热器的热力性能由作为导热元件的换热管决定。管箱和壳体则主要决定换热器的承压能力,保证操作运行的安全和可靠性。

列管式换热器的换热方式属于间壁式,换热管内构成的流体通道称为管程,换热管外构成的流体通道称为壳程。管程与壳程流体的温度不同使得换热器管束与壳体之间产生温差,换热器内温差应力过大会导致管子弯曲甚至断裂脱落,因此需采取适当补偿措施,以消除或减少热应力。根据所采用的补偿措施,列管式换热器可分为以下几种主要类型。

(1) 固定管板式换热器

固定管板式换热器结构如图 3-1 所示,其两端管板采用焊接方法与壳体连接固定。固定管板式换热器的主要特点是：①结构简单、造价低；②排管数较多；③壳程无法机械清洗；④壳体与换热管温差较大时，会产生温差应力，对换热器造成损坏。固定管板式换热器适用于壳程流体洁净且不易结垢、壳体与管束温差不大或温差虽大但壳程压力不高的场合。

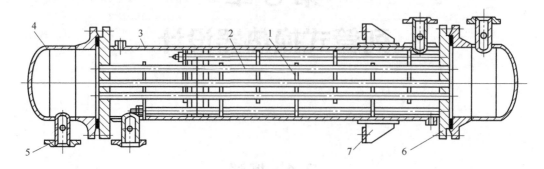

图 3-1 固定管板式换热器

1—折流挡板；2—管束；3—壳体；4—封头；5—接管；6—管板；7—悬挂式支座

(2) 浮头式换热器

浮头式换热器结构如图 3-2 所示，其两端管板中只有一端与壳体固定，被称为浮头的另一端可相对壳体自由移动。浮头式换热器的主要特点是：①管束可以从壳体内抽出，管间管内清洗方便；②管束与壳体的热变形互不约束，不会产生温差应力；③结构复杂、造价高；④浮头端结构复杂，在操作中无法检查，在制造时对密封要求较高，否则易产生内漏。浮头式换热器适用于壳体与管束温差较大或壳程介质易结垢的场合。

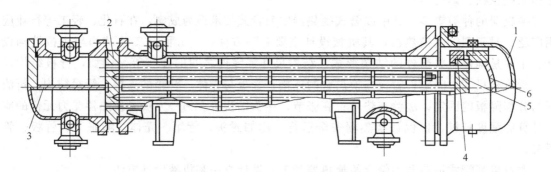

图 3-2 浮头式换热器

1—壳盖；2—固定管板；3—隔板；4—浮头勾圈法兰；5—浮动管板；6—浮头盖

(3) U形管式换热器

U形管式换热器结构如图 3-3 所示，其每根管子都弯成 U 形，管的两端固定在同一块管板上，每根管子都可以自由伸缩。U形管式换热器的主要特点是：①结构简单、造价低；②不会产生温差应力；③管间清洗方便，但管内清洗困难，U形弯管段易阻塞；④可排布管子数目少；⑤管束最内层管间距大，壳程流体易短路。U形管式换热器适用于壳体与管束温差较大或壳程介质易结垢需要清洗，又不适宜采用浮头式和固定管板式换热器的场合。

(4) 填料函式换热器

填料函式换热器又称外浮头式换热器，其结构如图 3-4 所示，其浮头部分在壳体外，在

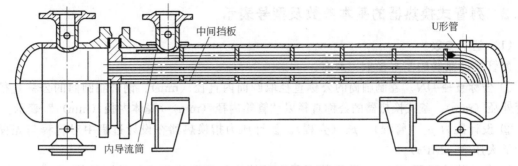

图 3-3 U形管式换热器

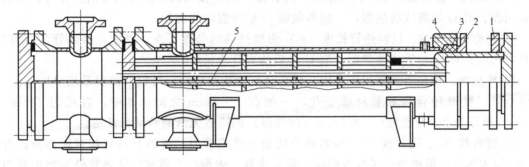

图 3-4 填料函式换热器

1—活动管板；2—填料压盖；3—填料；4—填料函；5—纵向隔板

浮头与壳体的滑动接触面处采用填料函密封结构。填料函式换热器具备浮头式换热器的优点，且结构更为简单，造价更低。但壳程介质有可能通过填料函外漏，故填料函式换热器不能用于流体易挥发、易燃、易爆、有毒等的场合。同时其使用温度受限于填料的物性，目前使用较少，仅用于一些腐蚀严重、需要经常更换管束的场合。

（5）釜式换热器

釜式换热器结构如图 3-5 所示，其最大的结构特点是在壳体上设有蒸发空间，管束可以为固定管板式、浮头式或 U 形管式。釜式换热器清洗维修方便，可处理不清洁、易结垢的介质，并能承受高温、高压，适用于液-汽式换热，可作为结构最简单的废热锅炉。

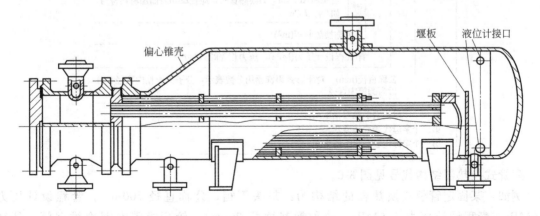

图 3-5 釜式换热器

3.1.2 列管式换热器的基本参数及型号表示

(1) 基本参数

列管式换热器的基本参数主要有：

① 公称直径 DN。卷制圆筒的公称直径取圆筒内直径（mm）。钢管制圆筒的公称直径取钢管外径（mm）。釜式换热器的公称直径以"管箱内径（mm）/壳体内径（mm）"表示。

② 设计压力 p_t（管程）、p_s（壳程）。设计压力指换热器在设计过程中对管程与壳程设定的最大压力（MPa）。

③ 公称换热面积 SN。公称换热面积为计算出的实际换热面积的圆整值（m²）。其中，计算换热面积一般以换热管外径为基准，为扣除伸入管板内的换热管长度后计算得到的管束外表面积；对 U 形管式换热器，一般不包括 U 形弯管段的面积。

④ 公称长度 LN。以换热管长度（m）为换热器的公称长度。其中，换热管为直管时，取直管长度；对 U 形管式换热器，取 U 形管的直管段长度。

⑤ 换热管。换热管多采用碳素钢、低合金钢冷拔钢管，也可根据需要采用 Al、Cu、Ni 等合金管。壁厚随管径和管材质变化，一般在 1~3mm 之间。其中，直径为 19mm 和 25mm、壁厚为 2（普通级）~2.5mm（加强级）的冷拔无缝钢管最为常用。

⑥ 管程数 N_t、壳程数 N_s。管程指介质流经换热管内的通道及与其相贯通部分；管程数 N_t 指流体介质沿换热管长度方向往、返的次数。壳程指介质流经换热管外的通道及与其相贯通部分；壳程数 N_s 指介质在壳程内沿壳体轴向往、返的次数。

(2) 型号表示方法

列管式换热器的型号表示方法为：

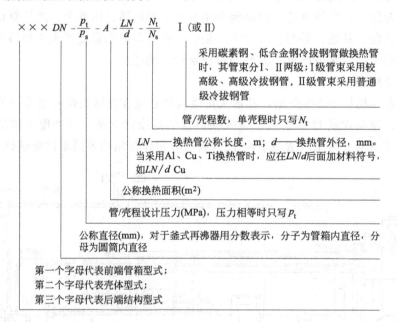

列管式换热器结构代号见图 3-6。

例如，某固定管板式换热器的结构为：封头管箱，公称直径 700mm，管程设计压力 2.5MPa、壳程设计压力 1.6MPa，公称换热面积 200m²，较高级碳素钢冷拔钢管，外径 25mm，管长 9m，4 管程、单壳程。其型号为：

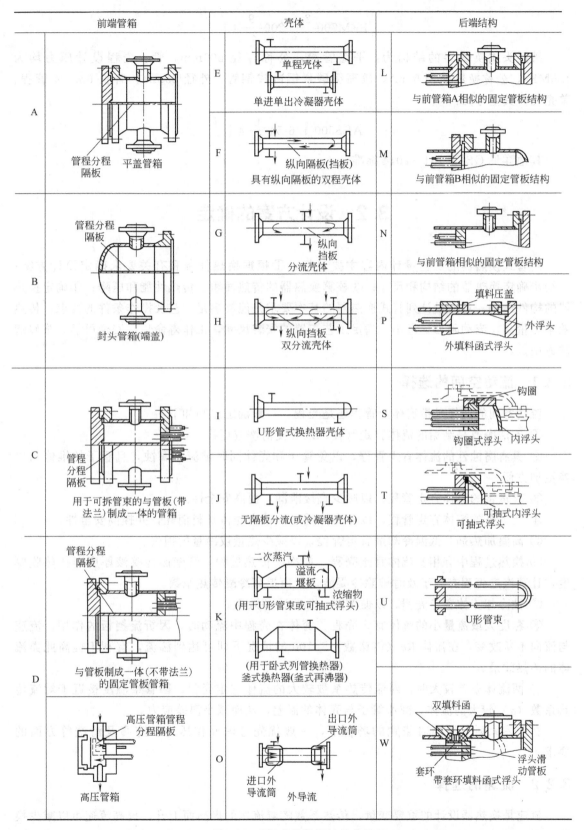

图 3-6 列管式换热器结构代号

$$\text{BEM700-}\frac{2.5}{1.6}\text{-200-}\frac{9}{25}\text{-4 I}$$

某浮头式换热器的结构为：平盖管箱，公称直径 500mm，管、壳程设计压力均为 1.6MPa，公称换热面积 $54m^2$，较高级碳素钢冷拔钢管，外径 25mm，管长 6m，4 管程、单壳程。其型号为：

$$\text{AES500-1.6-54-}\frac{6}{25}\text{-4 I}$$

其他详见 GB/T 151—2014 标准。

3.2 设计方案的确定

列管式换热器的工艺设计内容主要包括：①根据换热任务和有关要求确定设计方案；②初步确定换热器的结构和尺寸；③核算换热器的传热面积、传热性能和压降；④确定换热器的构件结构。对所设计列管式换热器的基本要求是能够满足工艺及操作条件的要求，传热效率尽量高，流动阻力尽量小，满足工艺布置的安装尺寸，工作寿命长，安全可靠，维修清洗方便。

3.2.1 流动空间的选择

流动空间的选择是指流体走管程还是壳程，一般确定原则如下：

① 不洁净或易结垢的流体宜走管程，以方便清洗或更换。

② 具有腐蚀性的流体宜走管程，以免管子和壳体同时被流体腐蚀，且管子的维修与更换更加方便。

③ 有毒害的流体宜走管程，以减少直接泄漏，提高安全性。

④ 压力高的流体宜走管程，以免壳体受压，减少壳体材料消耗，并提高安全性。

⑤ 高温加热剂与低温冷却剂宜走管程，以减少热量或冷量的损失。

⑥ 换热过程中有相变流体宜走壳程，如冷凝传热过程，管壁面冷凝液厚度即传热膜厚度，让蒸汽走壳程有利于及时排除冷凝液，从而提高冷凝传热系数。

⑦ 被冷却流体宜走壳程，以便散热，加强冷却效果。

⑧ 黏度大或流量小的流体宜走壳程，流体在壳程中流动时，因折流挡板的作用，流速与流向不断改变，在流体 Re（雷诺数）>100 的情况下即可达到湍流，有利于提高此类流体的传热效果。

⑨ 两流体温差较大时，对流传热系数较大的流体宜走壳程，因管壁温度接近于对流传热系数（α）较大的流体，减小管子与壳体的温差，从而减小温差应力。

在上述原则不能同时兼顾的场合下，一般优先考虑操作压力、防腐及清洗等方面的要求。

3.2.2 流速的选择

流速是换热器设计的重要变量，传热系数随着流速的提高而上升，提高流速可以减少换热面积，减少流体在管子表面生成污垢的可能性；但同时压降与功耗也会随之增加。因此，需要综合选择经济合适的流速，此外还必须考虑换热器结构上的要求，为了避免设备产生严重磨损，计算出的流速不应超过最大允许的经验流速。常用流体流速范围参见表3-1。

表 3-1 常用流体流速范围

流体种类		一般流体	易结垢液体	气体
流速/(m/s)	管程	0.5~3.0	>1	5~30
	壳程	0.2~1.5	>0.5	3~15

3.2.3 加热剂或冷却剂的选择

为实现工艺提出的换热任务要求，需解决的首要问题是选择合适的加热剂或冷却剂。常用加热剂或冷却剂载热体及其温度范围参见表3-2。

表 3-2 载热体的种类及其温度范围

	载热体名称	温度范围/℃	优点	缺点
加热剂	热水	40~100	可利用工业废水和冷凝水废热	只能用于低温，传热情况不好，本身易冷却，温度不易调节
	饱和蒸汽	100~180	易于调节，冷凝潜热大，热利用率高	温度升高，压力也高，设备有困难。180℃时对应的压力为1.0MPa
	联苯混合物	液体:15~255 蒸气:255~380	加热均匀，热稳定性好，温度范围宽，易于调节，高温时的蒸气压很低，热焓值与水蒸气接近，对普通金属不腐蚀	价格昂贵，易渗透软性石棉填料，蒸气易燃烧，但不爆炸，会刺激人的鼻黏膜
	水银蒸气	400~800	热稳定性好，沸点高，加热温度范围大，蒸气压低	剧毒，设备操作困难
	氯化铝-溴化铝共熔混合物蒸气	200~300	500℃以下混合物蒸气是热稳定的，不含空气时对黑色金属无腐蚀，不燃烧，不爆炸，无毒，价廉，来源较方便	蒸气压较大，300℃时为1.22MPa
	矿物油	≤250	不需要通过高压加热，也可获得较高温度	黏度大，传热系数小，热稳定性差，超过250℃易分解，易着火，调节困难
	甘油	200~250	无毒，不爆炸，价廉，来源方便，加热均匀	极易吸水，且吸水后沸点急剧下降
	四氯联苯	100~300	400℃以下有较好的热稳定性，蒸气压低，对铁、钢、不锈钢、青铜等均不腐蚀	蒸气可使人体肝脏发生疾病
	熔盐	142~530	常压下温度高	比热容小
	烟道气	≥1000	温度高	传热差，比热容小，易局部过热
冷却剂	水	0~80	价廉，来源方便	
	空气	>30	价廉，在缺水地区尤为适宜	
	盐水	−15~0	用于低温冷却	
	氨蒸气	<−15	用于冷冻工业	

水蒸气是最常用的加热剂,其汽化潜热大,蒸汽消耗量相对较小,温度调节方便,且无毒、无失火危险。可以使用直接蒸汽加热或间接蒸汽加热的方法,直接蒸汽加热即将水蒸气由鼓泡器直接引入被加热介质中,此方法适用于被加热介质允许与水蒸气混合的情况;间接蒸汽加热则是通过换热器间壁传递热量。

甘油、联苯混合物、矿物油等是高温有机物加热剂。其中最常用的联苯混合物由26.5%联苯和73.5%二苯醚组成,它的热稳定性好,无爆炸危险性,无腐蚀性。液态联苯混合物的加热温度可达到255℃,气态联苯混合物的加热温度可达到380℃。当需要加热到530℃时,可用无机熔盐作为加热剂,其中应用最广的是由40%$NaNO_2$、7%$NaNO_3$和53%KNO_3组成的熔化物。熔盐加热装置应在惰性气体的保护下操作,并需具有高度的气密性。此外,工业生产中,还可以利用液体或气体金属、烟道气和电等进行加热。

对于冷却剂,当冷却温度为10~30℃时,使用最普遍的是水和空气;若要冷却到0℃左右,工业上通常采用冷冻盐水,盐水的低温由制冷系统提供;若要得到更低的冷却温度或更好的冷却效果,还可使用沸点更低的制冷剂,如氨蒸气。

加热剂或冷却剂的选择应本着能量综合利用的原则,即加热剂应尽可能选用工艺上要求冷却降温的高温流体,冷却剂应尽可能选用工艺上要求加热升温的低温流体,以降低生产成本、提高经济效益。同时应确保传热温差不至于过小,且尽可能选用相对安全的介质作为加热剂或冷却剂。

3.2.4 流体两端温度的确定

一般换热器中冷、热流体的温度都由工艺条件规定,则不存在确定流体两端温度的问题。若其中一流体仅已知进口温度,则出口温度需视具体情况而定。

例如在选择水作为冷却剂时,冷却水的进口温度可根据当地的气温条件进行估计,而提高冷却水的出口温度可以减少其用量,但传热面积则会随之增大,因此出口温度需要通过经济核算来确定。通常水资源丰富的地区选用较小的进出口温差,水资源缺乏的地区选用较大的进出口温差。需注意的是,工业冷却水的出口温度一般不宜高于50℃,防止形成水垢而影响传热性能。

3.2.5 列管式换热器结构类型的选择

列管式换热器结构类型的选择要考虑多种因素,几种主要类型换热器的适用场合参见本章前述。

热补偿的需求一般以50℃的换热器热、冷流体的传热平均温差为界限,传热平均温差在50℃以内时,不需热补偿;传热平均温差超过50℃时,则需热补偿。当换热器不需热补偿,且壳程流体洁净不易结垢时,可选用固定管板式换热器。而换热器需热补偿时,常用U形管式、浮头式及填料函式换热器,而这些具有自热补偿性能的换热器往往是多程结构,还需考虑温差校正系数$\varphi_{\Delta t}$。当$\varphi_{\Delta t}>0.8$时,若管程流体较洁净,可选用U形管式换热器,否则选用浮头式或填料函式换热器。当$\varphi_{\Delta t}<0.8$时,可采用多台单程换热器串联操作,以分摊传热温差、减少温差应力对换热器的破坏。此外,用软水吸热副产蒸汽的废热回收过程,一般只能选用釜式换热器。

换热器的类型确定后,还需选择立式或者卧式结构。一般采用立式结构的场合有:①气体的加热或冷却过程;②蒸汽冷凝后进一步冷却的换热过程;③含有杂质流体的加热或冷却过程;④蒸发用换热器。其他场合换热器一般采用卧式结构。

3.2.6 管程数与壳程数

列管式换热器仅在 $\varphi_{\Delta t} < 0.8$ 时采用单程结构。而当 $\varphi_{\Delta t} > 0.8$ 时,列管式换热器一般采用多程结构,多程结构有利于提高流速、提高对流传热系数、降低热阻、提高传热系数 K、减小传热面积。

(1) 管程数 N_t

对于多管程列管式换热器,为方便制造、安装、清洗和维修等常采用偶数管程,且管程数建议不超过6。

多管程换热器前、后端管箱中分程隔板的最小厚度及布置方法参见表3-3、表3-4。

表3-3 分程隔板的最小厚度参考表

公称直径/mm	隔板最小厚度/mm	
	碳素钢及低合金钢	高合金钢
≤600	8	6
>600～≤1200	10	8
>1200～≤2000	14	10

表3-4 多管程换热器前、后端管箱中的分程隔板布置示意

	程数	2	4 平行	4 丁字形	6
分程图	上(前)管箱	2/1	4/3/2/1	3 4 / 2 1	6 / 4 5 / 3 2 / 1
	下(后)管箱	2/1	4/3/2/1	3 4 / 2 1	6 / 4 5 / 3 2 / 1

(2) 壳程数 N_s

当壳程流体的流速太低时,可通过在壳程安装与管束平行、一端留有缺口的纵向隔板形成多壳程。但由于壳程纵向隔板的存在,对换热器制造、安装和检修等方面造成困难,故一般不予采用。常用的方法是将几个换热器串联使用,以替代多壳程。为节省占地面积,换热器的串联可采用如图3-7所示的重叠式。

3.2.7 管子规格及长度

除非特殊要求,一般采用 $\phi 25\text{mm} \times 2.5\text{mm}$(或 $\phi 25\text{mm} \times 2\text{mm}$)、$\phi 19\text{mm} \times 2\text{mm}$ 冷拔无缝钢管。当管程内流体洁净且不易结垢时,可选择小管径;反之,应选择大管径。

列管式换热器的长度从某种程度上来说取决于管长,管子长度的选择需考虑设备的安装和维修是否方便,以及设备的清洗是否方便。

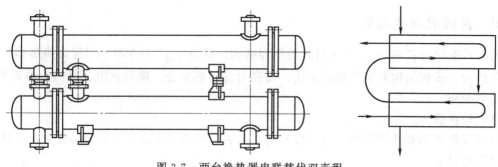

图 3-7　两台换热器串联替代双壳程

3.2.8　管子排列方式与管间距

（1）换热管的空间排列方式

列管式换热器常用的换热管的空间排列方式有同心圆、正三角形及正方形三种，其中正三角形及正方形排列方式更为常见。正三角形及正方形排列按照管子相对壳程流体的流向，又可分为直列与错列（又称转角排列）两种，如图 3-8 所示。很显然，换热管错列时壳程流体对管子外壁的冲刷程度比直列时更优。因此，换热管的空间排列方式一般采用正方形错列或正三角形错列。

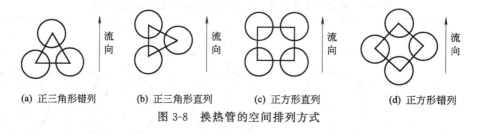

(a) 正三角形错列　　(b) 正三角形直列　　(c) 正方形直列　　(d) 正方形错列

图 3-8　换热管的空间排列方式

关于换热管不同空间排列方式的空间利用率，小直径换热器多采用同心圆排列，而管排数超过 6 时，正三角形和正方形排列空间利用率更高。正三角形排列对壳层空间的利用率比正方形排列高，但其壳程的机械清洗不方便，因此在壳程需要机械清洗的场合，为了方便维护和清洗，换热器的管子一般采用正方形排列并保证有足够大的间距。

（2）换热管的管、排间距

① 管间距 t　管间距 t 指同排相邻两根换热管的中心距（mm）。其大小与换热管在管板上的连接方式及清洗要求有关。管子与管板的连接方式分为三种：胀接、焊接及胀焊结合，如图 3-9 所示。

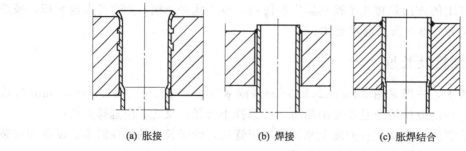

(a) 胀接　　　　　　(b) 焊接　　　　　　(c) 胀焊结合

图 3-9　管子与管板的连接方式

管子与管板的连接方式为胀接时，管间距取 $t \geqslant (1.3 \sim 1.5)d_0$（$d_0$ 为换热管外径，mm）；焊接时，最小管间距一般取 $t = 1.25d_0$。当壳程需要机械清洗时，管子排布必须采用正方形排列方式，且相邻两管的净空距（$t - d_0$）应不小于 7mm。

② 排间距 t'　当管间距 t 确定后，排间距 t' 可随之确定。多管程换热器中为方便装卸分程隔板，在管板上需留有分程隔板槽，如图 3-10 所示。由于分程隔板槽的存在，隔板两侧的换热管排间距 t'_n 需大于一般排间距 t'。表 3-5 为常用换热管的管间距及分程隔板两侧相邻换热管排间距参考表。

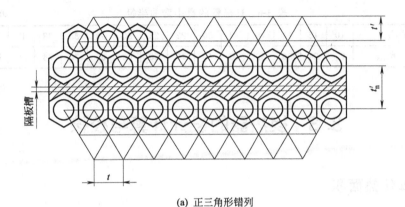

(a) 正三角形错列

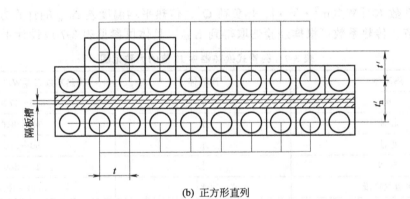

(b) 正方形直列

图 3-10　分程隔板槽

表 3-5　常用换热管的管间距及分程隔板两侧管排间距参考表　　单位：mm

换热管外径 d_0	10	12	14	16	19	20	22	25	30	32	35	38	45	50	55	57
换热管中心距 t	13~14	16	19	22	25	26	28	32	38	40	44	48	57	64	70	72
分程隔板槽两侧相邻管中心距 t'_n	28	30	32	35	38	40	42	44	50	52	56	60	68	76	78	80

U 形管的弯曲半径 R 不能小于 $2d_0$（d_0 为换热管外径，mm），如图 3-11 所示。U 形管最小弯曲半径 R_{min} 可参照表 3-6 选取。由于管束最内侧的管子受到管子的最小弯曲半径 R_{min} 的限制，所以 U 形管束最内侧管子的排间距需视具体情况而定。

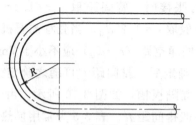

图 3-11 U 形管的弯曲半径

表 3-6 U 形管的最小弯曲半径　　　　　　　　　　　　　　　　单位：mm

换热管外径 d_0	10	12	14	16	19	20	22	25	30	32	35	38	45	50	55	57
最小弯曲半径 R_{min}	20	24	30	32	40	40	45	50	60	65	70	76	90	100	110	115

3.3　换热器的设计计算与校核

3.3.1　估算传热面积

估算列管式换热器传热面积首先要知道换热器的热负荷 Q'（W）、传热平均温度差 Δt_m（℃）、传热系数 K [W/(m²·℃)]。热负荷 Q'、传热平均温度差 Δt_m 的计算方法详见化工原理传热章节，传热系数可根据经验估取得到 $K_{估}$，具体可参见表 3-7 或设计手册。

表 3-7　列管式换热器中 K 值的大致范围

热流体	冷流体	传热系数 K/[W/(m²·℃)]
水	水	850~1700
轻油	水	340~910
重油	水	60~280
气体	水	17~280
水蒸气冷凝	水	1420~4250
水蒸气冷凝	气体	30~300
低沸点烃类蒸气冷凝（常压）	水	455~1140
高沸点烃类蒸气冷凝（减压）	水	60~170
水蒸气冷凝	水沸腾	2000~4250
水蒸气冷凝	轻油沸腾	455~1020
水蒸气冷凝	重油沸腾	140~425

换热器所需传热面积 $S_{估}$（m²）由传热基本方程式估算得到

$$S_{估} = \frac{Q'}{K_{估} \Delta t_m} \tag{3-1}$$

传热面积的校核标准为裕度不超过 20%，即

$$\frac{S_{实} - S_{估}}{S_{实}} < 20\%$$

3.3.2 换热器的传热性能校核

换热器设计或选型完成后,需进行换热器传热性能的校核。换热器的实际换热能力 Q 与换热器的热负荷 Q' 之比为 1.1~1.25,能满足传热要求,否则需重新设计或选型直至满足上述要求为止。

相应计算公式如下

$$Q = K_\text{实} S_\text{实} \Delta t_\text{m} \tag{3-2}$$

式中　$S_\text{实}$——换热器的实际传热面积,m^2;
　　　$K_\text{实}$——换热器的实际传热系数,$W/(m^2 \cdot ℃)$。

$K_\text{实}$ 基于换热管外表面积计算,即

$$K_\text{实} = \frac{1}{\dfrac{d_0}{\alpha_i d_i} + R_\text{si}\dfrac{d_0}{d_i} + \dfrac{\delta d_0}{\lambda d_\text{m}} + R_\text{s0} + \dfrac{1}{\alpha_0}} \tag{3-3}$$

式中　d_i、d_0——换热管的内、外径,m;
　　　δ——换热管的管壁厚度,m;
　　　λ——换热管材质热导率,$W/(m \cdot ℃)$;
　　　R_si、R_s0——管、壳程流体的污垢热阻,参见表 3-8 或设计手册,$m^2 \cdot ℃/W$;
　　　α_i、α_0——管、壳程的对流传热系数,计算方法参见化工原理传热章节,$W/(m^2 \cdot ℃)$。

表 3-8　常见流体的污垢热阻

流体		$R_s/(m^2 \cdot ℃/kW)$	流体		$R_s/(m^2 \cdot ℃/kW)$
水(>50℃)	蒸馏水	0.09	水蒸气	优质不含油	0.052
	海水	0.09		劣质不含油	0.09
	清净的河水	0.21	液体	盐水	0.172
	未处理的凉水塔用水	0.58		有机物	0.172
	已处理的凉水塔用水	0.26		熔盐	0.086
	已处理的锅炉用水	0.26		植物油	0.52
	硬水、井水	0.58		燃料油	0.172~0.52
气体	空气	0.26~0.53		重油	0.86
	溶剂蒸气	0.172		焦油	1.72

3.3.3 列管式换热器的压降校核

设计时,换热器的工艺尺寸还需综合考虑压降与传热面积,使之既能满足工艺要求,又经济合理。关于管、壳程流体的压降,液体一般应控制在 10.13~101.3kPa 的范围,气体一般控制在 1.013~10.13kPa 的范围。

(1) 管程压降

管程流动阻力包括直管阻力、回弯阻力以及流体进、出设备阻力。通常将流体进、出设备的阻力按一次回弯阻力计算,故管程阻力可按下式计算

$$\sum \Delta p_i = (\Delta p_1 + \Delta p_2) F_t N_s N_p \tag{3-4}$$

式中 F_t——结垢校正系数,对规格为 $\phi 25mm \times 2.5mm$ 的管子 $F_t=1.4$,对规格为 $\phi 19mm \times 2mm$ 的管子 $F_t=1.5$;
N_p——每壳程的管程数,对单壳程换热器 $N_p=N_t$;
N_s——串联的壳程数;
Δp_1——因直管阻力引起的压降,可用流体力学中的直管压降公式计算,Pa;
Δp_2——因回弯阻力引起的压降,Pa。

Δp_2 的经验式为

$$\Delta p_2 = 3\frac{\rho u^2}{2} \tag{3-5}$$

(2) 壳程压降

壳程流体的流动状况更为复杂,计算壳程阻力的公式很多,对不同形式的折流板采用不同公式计算的结果差别较大。

当壳程采用标准圆缺型折流挡板时,流体阻力主要有流体横过管束产生的阻力与通过折流挡板缺口产生的阻力。壳程压降可通过埃索(Esso)公式计算

$$\sum \Delta p_o = (\Delta p_1' + \Delta p_2') F_s N_s \tag{3-6}$$

其中

$$\Delta p_1' = F f_o n_c (N_B + 1) \frac{\rho u_o^2}{2}$$

$$\Delta p_2' = N_B \left(3.5 - \frac{2L'}{D}\right) \frac{\rho u_o^2}{2}$$

式中 $\Delta p_1'$——流体流过管束的压降,Pa;
$\Delta p_2'$——流体流过折流挡板缺口的压降,Pa;
F_s——壳程结垢校正系数,对液体 $F_s=1.15$,对气体或蒸气 $F_s=1$;
F——管子排列方式对压降的校正系数,对正三角形错列 $F=0.5$,正方形错列 $F=0.4$;
f_o——流体的摩擦系数,当 $Re_o = d_0 u_o \rho / \mu > 500$ 时,$f_o = 5.0 Re_o^{-0.228}$;
N_B——折流挡板数;
L'——折流挡板间距,m;
n_c——管束中心线上的最大管子数目(含拉杆);
u_o——按壳程最大流通面积 A_o 计算的流速,m/s。

A_o 可按下式计算

$$A_o = L'(D - n_c d_0) = L'D\left(1 - \frac{d_0}{t}\right)$$

3.4 列管式换热器主要构件的设计与连接

3.4.1 分程隔板

分程隔板是安装在管箱内的一种构件,将换热器的管程分成若干流程。流程的组织应注

意每一程的管数大致相同。分程隔板的形状应尽量简单,密封长度力求最短。对管程而言分程隔板习惯称为分程隔板,对壳程习惯称为纵向隔板,比较常见的是管程分程隔板。

(1) 管程分程隔板

管程分程隔板是用来将换热器管内流体分程的一种构件,"一个管程"意味着流体在管内走一次。分程隔板安装在管箱内,根据工艺所需程数进行不同的组合,但无论怎样组合,都应尽量使各程管子数目大抵相同;隔板形式尽量简单;焊缝要少;密封长度不宜过长;程与程之间面积差要小;考虑到膨胀角度,相邻程间平均壁温差不超过28℃左右为宜。

① 分程隔板结构　分程隔板应采用与封头、管箱短节相同的材料,除密封面(为可拆而设置)外,应满焊于管箱上(包括四管程以上浮头式换热器的浮头盖隔板)。在设计时要求管箱隔板的密封面与管箱法兰密封面,管板密封面与分程槽面必须处于同一基准面,如图3-12所示,(a)、(b)为常用的结构形式,(c)、(e)是用于碳钢与不锈钢设备的混合结构,(d)适用于更大直径的换热器,在不增加隔板重量的前提下增加隔板刚度。在管板上的分程隔板槽深度一般不小于4mm,不同材质的槽宽不同,如:碳钢12mm,不锈钢11mm。槽的拐角处倒角45°,倒角宽度应比分程垫片圆角半径R多1~2mm。

② 分程隔板厚度及有关尺寸　分程隔板的最小厚度不得小于表3-3所标示的数值,当工艺要求承受脉动流体或隔板两侧压差很大时,隔板的厚度应适当增大,当分程隔板的厚度大于10mm,则按图3-12(b)所示,在距端部15mm处开始削成楔形,使端部保持10mm。

当管程内流体易燃、易爆、有毒及有腐蚀时,停车、检修时需要排净残留介质,应在处于水平位置的分程隔板上开设直径为6mm的排净孔,如图3-12(a)、(b)所示。

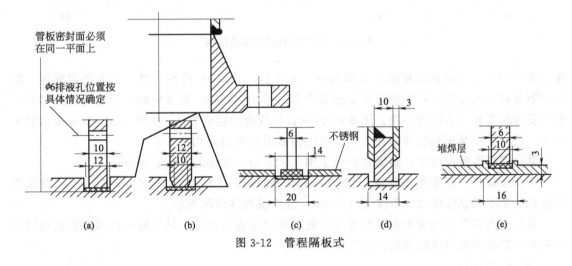

图3-12　管程隔板式

(2) 纵向隔板

纵向隔板或折流板是装设在管外空间的一种构件,用以提高流体的流速和湍流程度,强化壳程流体的传热,如图3-13所示。

纵向隔板是一充满壳体的矩形平板,最小厚度为6mm,使得壳程流体形成双壳程。由于是在壳体内加进隔板,隔板与壳体内壁及隔板与管板面之间存在缝隙,容易使介质产生短路,降低换热效率,所以纵向隔板与壳体内壁的间隙要求严格密封,防止短路的方式如图3-14所示。图3-14(a)为隔板直接与筒体内壁焊接,但必须考虑到施焊的可能

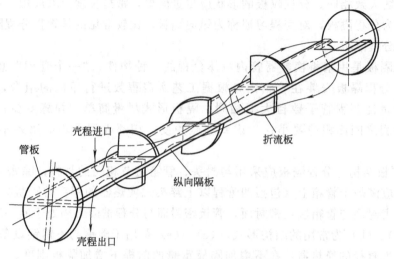

图 3-13 纵向隔板（双壳层）

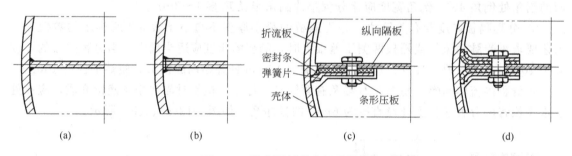

图 3-14 纵向隔板的防短路结构

性；图 3-14(b) 是纵向隔板插入导向槽中；图 3-14(c)、(d) 分别是单、双向条形密封，防止间隙短路，对于需要将管束经常抽出清洗者，采用此结构。对于单向密封结构，此时密封条就安装在壳程压力高的一侧。图 3-15 为隔板与管板的连接形式，其中（a）为隔板与管板焊接，（b）是隔板用螺栓连接在焊于管板的角铁上的可拆结构。

纵向隔板厚度一般为：碳钢和低合金钢 6～8mm；合金钢不小于 3mm。

密封条材料一般采用多层氯丁橡胶，一般为两层，单层尺寸为 50mm×3mm；或采用多层长条形不锈钢皮组成，厚度为 0.1mm，宽度按具体情况而定。

采用纵向隔板结构的折流板与弓形折流板的加工方法相同，只是将一块弓形折流板沿中间切开，形成厚度对称的两块，分别装于隔板的上下。

(3) 分割流板

在壳体上有对称的两个进口及一个出口时，介质从壳程的两端进入，经列管换热后，气液混合物由中间出口流出。对应出口管中间位置在壳体上安装一整圆形挡板即为分割流板。这个板把壳程平均分成两个壳程并联使用。

3.4.2 折流挡板与支承板

(1) 折流挡板

前已述及，列管式换热器一般不采用多壳程结构。为了增进扰动、提高壳程流体的对流

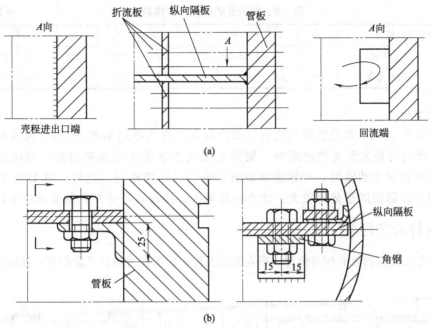

图 3-15 隔板与管板的连接形式

传热系数,同时防止换热管束挠曲变形,通常将折流挡板安装在列管式换热器的壳程中,其中以圆缺形(又称单弓形,如图 3-16 所示)的构造最简单、扰动最剧烈、支撑效果最好,所以在标准列管式换热器中经常采用圆缺形折流挡板。一般采用缺口上下或左右布置,上下布置对壳程传热的促进效果最好,适用于壳程流体不含杂质的场合;左右布置适用于壳程流体含有杂质的场合,可减少杂质在壳程的积聚。为便于排除积液、消除流动死角,可在挡板的相应位置开一小缺口。

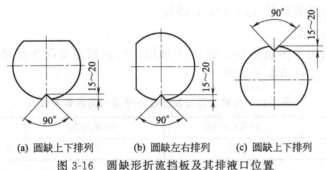

(a) 圆缺上下排列　　(b) 圆缺左右排列　　(c) 圆缺上下排列

图 3-16 圆缺形折流挡板及其排液口位置

圆缺形折流挡板中被截去的弓形矢高 h 一般是筒体内直径的 0.2~0.45 倍。标准圆缺形折流挡板截去高度通常为筒体内直径的 0.25 倍。

圆缺形折流挡板原则上应等间距布置,挡板间距 L'(m)应在筒体内直径的 0.2 倍以上,且一般情况下不得小于 50mm,但不得大于换热管的无支撑跨距(参见表 3-9)。很显然,挡板数 N_B 为

$$N_B = \frac{L}{L'} - 1 \tag{3-7}$$

式中　L——换热管长度,m。

表 3-9 换热管的最大无支撑跨距　　　　　　　　　　　　　　　　单位：mm

换热管外直径		10	12	14	16	19	25	32	38	45	57
最大无支撑跨距	钢管	—	—	1100	1300	1500	1850	2200	2500	2750	3200
	有色金属管	750	850	950	1100	1300	1600	1900	2200	2400	2800

（2）支承板

当换热器的壳程不需设置折流挡板（如冷凝器或釜式换热器的壳程），但换热管长度已超过表 3-9 所列的最大无支撑跨距时，则需设置支承板来支撑换热管束，以防止其挠曲变形。一般支承板多为圆缺形，与标准圆缺形折流挡板结构相同。此外，对 U 形管换热器的回弯端，由于该部位的重量比较大、应力相对集中，需设置特殊结构的支承板予以支撑。

3.4.3 拉杆与定距管

为固定壳程折流挡板的相对位置，在列管的壳程一般需设置拉杆及定距管，如图 3-17 所示。

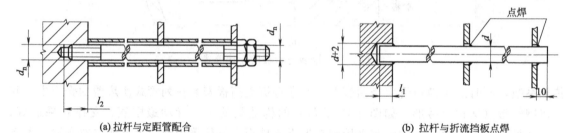

(a) 拉杆与定距管配合　　　　　　　　　　(b) 拉杆与折流挡板点焊

图 3-17　拉杆与定距管结构

图 3-17(a) 为拉杆与定距管配合使用，适用于换热管外径大于 19mm 的场合，工业换热器中多为此种。图 3-17(b) 为拉杆与折流挡板间采用点焊方式，以省去定距管，但拆卸比较麻烦，适用于换热管外径 $d_0 \leqslant 14$mm 的场合。

（1）拉杆直径与数目

拉杆直径与数目可参照表 3-10、表 3-11 选定，可根据需要略作调整，但总体上拉杆直径不得小于 10mm，拉杆不少于 4 根。

表 3-10　拉杆直径与换热管外径间的关系参考表　　　　　　　　　　单位：mm

换热管外径 d_0	$10 \leqslant d_0 \leqslant 14$	$14 < d_0 < 25$	$25 \leqslant d_0 \leqslant 57$
拉杆直径 d_n	10	12	16

表 3-11　换热器公称直径与拉杆直径及拉杆数目之间的关系

拉杆直径 d_n/mm	筒体公称直径 DN/mm	<400	≥400~<700	≥700~<900	≥900~<1300	≥1300~<1500	≥1500~<1800	≥1800~<2000	≥2000~<2300	≥2300~<2600
10		4	6	10	12	16	18	24	28	32
12		4	4	8	10	12	14	18	20	24
16		4	4	6	6	8	10	12	14	16

定距管的长度随标准圆缺形折流挡板间距而定。拉杆的长度可根据下述需要确定。

(2) 拉杆的布置

拉杆应尽量均匀布置在管束的外缘上,原则上每块折流挡板上至少有3个紧固点。由此可通过计算确定出拉杆的长度。对大尺寸的换热器,为防止折流挡板倾斜,还需在靠近缺口处布置合适数量的拉杆。

3.4.4 旁路挡板与防冲板

(1) 旁路挡板

在换热器的壳程中,因为管束边缘和分程部位都不能排满换热管,所以在这些部位设置旁路。为防止壳程物料直接通过这些旁路导致大量短路,可在管束边缘安装旁路挡板,在分程部位安装假管或带定距管的拉杆,从而增大旁路的阻力。

是否安装旁路挡板或假管、安装的数量以及安装部位等,一般考虑以下因素。

① 卧式、左右缺口折流板换热器,这样的结构壳程物料通过旁路短路的可能性较大,应根据实际情况考虑安装旁路挡板或假管。

② 只有当壳程物料的给热系数起控制作用时,安装旁路挡板或假管才能显著地提高总传热系数。

③ 旁路面积与壳程流通面积之比愈大,流体通过旁路的短路就愈多,安装旁路挡板或假管的效果也愈显著;在壳体直径($DN \leqslant 400$mm)较小的装置中安装旁路挡板或假管比在较大的壳体中安装更加有效。

④ 旁路挡板或假管数不能过多,否则会减弱提高传热系数的作用,对压降的影响增大。

⑤ 换热器和冷凝器的直径越大,管束越重,为使管束能顺利地装入和抽出壳体而不损坏折流板,当换热器和冷凝器的直径$DN \geqslant 1100$mm时,需增设滑板(在换热器中的滑板同时起到旁路挡板的作用)。在换热器中,滑板的数量与旁路挡板的数量相同;在冷凝器中,同时采用两条,安装在折流板下半圆内,如图3-18所示。

当换热器直径$DN < 1000$mm时,可以把旁路挡板分成数段焊接在两块折流板之间,如图3-19(a)所示;当换热器直径$DN > 1000$mm时,可将挡板或滑板嵌入两边已经铣好凹槽的折流板内,并焊在每一块折流板上,见图3-19(b)。

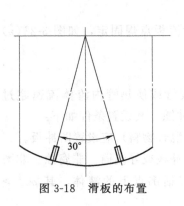

图3-18 滑板的布置

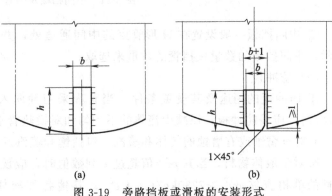

图3-19 旁路挡板或滑板的安装形式

旁路挡板的数量推荐为:公称直径DN在500mm以内时,一对挡板;DN介于500~1000mm时,两对挡板;DN超过1000mm时,三对挡板。图3-20为一对或两对旁路挡板的安装位置。

⑥ 挡管即假管，为两端堵死的管子，布置在分程隔板槽背面的两管板之间，挡管的规格一般与换热管相同。

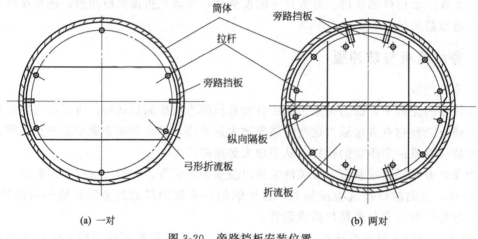

图 3-20　旁路挡板安装位置

挡管应每隔 3 或 4 排换热管设置一根，但不应该设置在折流板缺口处，如图 3-21(b)所示。

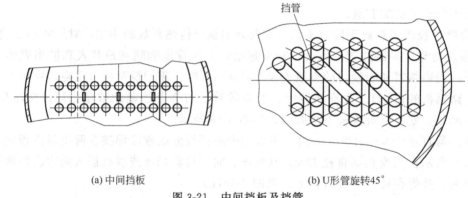

图 3-21　中间挡板及挡管

⑦ 中间挡板一般设置在 U 形管束的中间通道处，并与折流板点焊固定，如图 3-21(a)所示，中间挡板的数量按挡管的数量来选取。

(2) 防冲板

① 防冲板的用途及其设置条件　当管程采用轴向入口接管或换热管内流体流速超过 3m/s 时，应设防冲板，以减少流体的不均匀和对换热管端的冲蚀。其设置条件如下：

a. 对有腐蚀或有磨蚀的气体和蒸汽（包括饱和蒸汽及汽液混合物料）应设置防冲板。

b. 对于液体物料，当其 ρv^2 值超过下列数值时，应设置防冲板或导流筒：非腐蚀、非磨蚀性的单相流体 $\rho v^2 > 2230 kg/(m \cdot s^2)$；其他各种液体，包括沸点下的液体，其 $\rho v^2 > 740 kg/(m \cdot s^2)$。

② 防冲板的形式　常见的防冲板形式如图 3-22 所示，图中（a）～（c）为防冲板焊于拉杆或定距管上，也可同时焊在靠近管板的第一块折流板上。这种形式常用于壳体内径大于

70mm 的上、下缺口折流板的换热器上。图 3-22（a）、(b) 是拉杆位于换热管上侧时的结构，当两拉杆间距离较大时，可采用图 3-22(b) 的形式，以保证防冲板四周的流体分布均匀及通道面积足够；图 3-22(c) 是拉杆位于管子两侧的结构；图 3-22(d) 为防冲板焊于壳体上，这种形式常用于壳体内径大于 325mm 时的折流板左、右缺口和壳体内径小于 600mm 时的折流板上、下缺口的换热器。图 3-22(e)、(f) 为防冲板的开槽、孔形式，但防冲板一般不宜开孔，若结构限制使防冲板与壳体内壁形成的流通面积太小时，开孔应通过计算且注意不能将所开孔直接对准最上排管子。

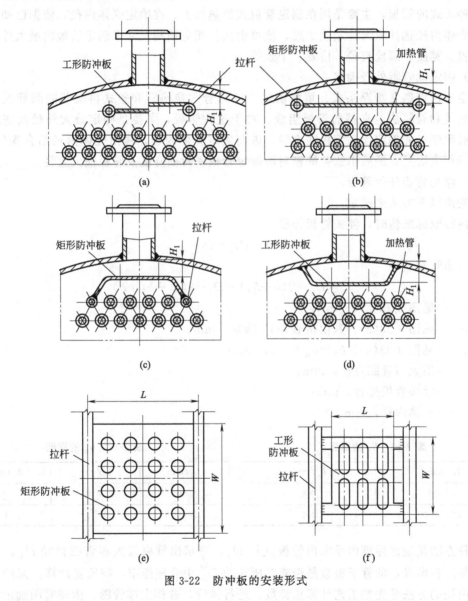

图 3-22 防冲板的安装形式

③ 防冲板的位置和尺寸 防冲板位于壳体之中，其所处位置应该使得防冲板周边与壳体内壁所组成的流通面积与壳程进口接管截面积的比值维持在 1～1.25 之内。也就是接管与壳体内表面形成的马鞍形和防冲板平面间形成圆柱形侧面积，实际上防冲板和壳体内壁的高度 H_1 在接管的管径确定时便已经随之确定了。一般规定 $H=(1/4～1/3)$ 接管外径。

防冲板的直径或边长 W、L [见图3-22(e)、(f)] 应比接管外径大50mm。防冲板的最小厚度：当壳程进口接管直径小于300mm时，对碳钢、低合金钢取4.5mm；对不锈钢取3mm。当壳程进口接管直径大于300mm时，对碳钢、低合金钢取6mm；对不锈钢取4mm。

3.4.5 管板结构尺寸

(1) 固定管板兼作法兰的尺寸确定

这种形式的管板，主要是用在固定管板式换热器上。在确定壳体内径，依据已知的设计压力、壳体内径选择或设计法兰之后，便可由法兰相应结构尺寸来确定管板的最大外径，密封面位置、宽度，螺栓直径、位置、个数等。

(2) 固定端管板外径确定

固定端管板通常指浮头式、填料函式、U形管式换热器和釜式再沸器的前管板，它是由壳体法兰和管箱法兰夹持的管板组成。对于这种管板，主要是确定最大外径及密封面宽度，一般程序是先确定浮动管板的直径，进而确定壳体内径，再由壳体内径结合操作压力、温度选择相应法兰，最后由法兰的密封面确定管板密封面宽度及管板最大直径。

(3) 浮动管板外径确定

一般由以下方式来确定：

若内径取标准值时，浮头管板外径

$$D_0 = D_i - 2b_1 \tag{3-8}$$

最大布管圆直径

$$D_L = D_0 - 2(b+b_2) = D_i - 2(b_1+b_2+b) \tag{3-9}$$

式中 b——见图3-23(a)，mm；

b_1——见图3-23(a)，其值按表3-12选取，mm；

b_2——见图3-23(a)，$b_2 = b_n + 1.5$，mm；

D_L——最大布管圆直径，mm；

D_0——浮头管板外径，mm；

D_i——总体内径，mm。

表3-12 b_1 的取值

D_i/mm	b_1/mm
<1000	≥3
1000~2000	≥4

表3-13 b_n 的取值

D_i/mm	b_n/mm	b_1/mm
≤600	≥10	3
>600	≥13	5

这种方法是通过标准内径求出管板直径 D_0，再求出管束最大布管圆直径 D_L，问题是根据传热面积所确定的管子根数是否能在所求的 D_L 中合理排布，需反复计算。无约束地确定壳体内径的方法是先按工艺计算总管数，进行排管，并作出排管图，依排管图确定管束最大布管圆直径 D_L，由 D_L 考虑浮头盖密封结构后定出管板直径 D_0，再确定壳体内径并圆整到标准值 D_i。即

$$D_0 = D_L + 2b + 2(b_n+1.5), \quad D_i = D_0 + 2b_1$$

式中 b_n——垫片宽度，其值按表3-13选取，mm。

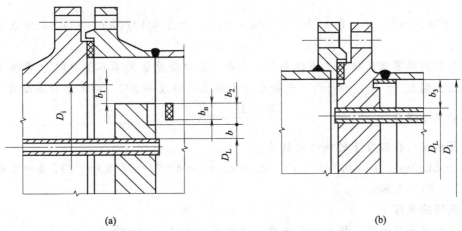

图 3-23 管板外径确定

注：b_3 为固定管板式换热器或 U 形管式换热器管束最外层换热管外表面至壳体内壁的最短距离，见图 3-23(b)，$b_3 = 0.25d$ 且不小于 10mm，d 为换热管的直径。

(4) 管板孔直径和允许偏差

表 3-14 为换热管和管板孔直径允许偏差。

表 3-14 换热管和管板孔直径允许偏差   单位：mm

		外径	10	14	19	25	32	38	45	57
换热管	允许偏差	Ⅰ级	±0.15	±0.20	±0.20	±0.20	±0.30	±0.30	±0.30	±0.45
		Ⅱ级	±0.20	±0.40	±0.40	±0.40	±0.45	±0.45	±0.45	±0.57
管板	管孔直径	Ⅰ级	10.20	14.25	19.25	25.25	32.35	38.40	45.40	57.55
		Ⅱ级	10.30	14.40	19.40	25.40	32.50	38.50	45.50	57.70
	允许偏差	Ⅰ级	+0.15	+0.15	+0.15	+0.15	+0.20	+0.20	+0.25	+0.25
		Ⅱ级	+0.15	+0.20	+0.20	+0.20	+0.30	+0.30	+0.40	+0.40

列管式换热器其他主要构件如封头、接管、法兰、垫片等可参见相关标准规范或标准图纸。

3.5 标准列管式换热器的设计示例

【设计任务】▶▶▶

某工厂拟用水作冷却剂，欲将纯苯从 80℃ 冷却到 35℃。已知纯苯的流量为 50m³/h，当地夏季和冬季的水温分别为 30℃ 和 5℃。通过管程与壳程的压降均控制在 10kPa 以内，操作环境接近常压。试为该厂选一台合适的换热器。

【选型过程】▶▶▶

1. 确定基本数据

苯的定性温度 $\dfrac{80+35}{2} = 57.5℃$

查得苯在定性温度下的物性数据为

$\rho = 879 \text{kg/m}^3$, $\mu = 0.41 \times 10^{-3} \text{Pa} \cdot \text{s}$, $c_p = 1.84 \text{kJ/(kg} \cdot \text{℃)}$, $\lambda = 0.152 \text{W/(m} \cdot \text{℃)}$。

为保证换热器常年能满足传热要求，冷却水进口温度取夏季水温30℃。根据冷却水换热温差控制在5~10℃的原则，选择冷却水温上升幅度为8℃，则其出口温度为38℃。

水的定性温度
$$\frac{30+38}{2} = 34 \text{℃}$$

查得水在定性温度下的物性数据为

$\rho = 995 \text{kg/m}^3$, $\mu = 0.743 \times 10^{-3} \text{Pa} \cdot \text{s}$, $c_p = 4.174 \text{ kJ/(kg} \cdot \text{℃)}$, $\lambda = 0.625 \text{W/(m} \cdot \text{℃)}$, $Pr = 4.98$。

2. 流径的选择

为了利用壳体散热，增加换热效率，决定苯走壳程，水走管程。

3. 热负荷及冷却水用量计算

因为是冷却过程，故热负荷按苯来计算。又因为在冷却过程中，热损失越大越有利于冷却，故在计算热负荷及冷却水用量时可不考虑热损失，即

热负荷 $Q' = Q_h = q_{m,h} c_p (T_1 - T) = \frac{50 \times 879}{3600} \times 1.84 \times (80-35) = 1.01 \times 10^3 \text{kW}$

冷却水用量 $q_{m,c} = \frac{Q'}{c_p(t_2 - t_1)} = \frac{1.01 \times 10^3}{4.174 \times (38-30)} = 30.25 \text{kg/s}$

4. 传热平均温差计算

先求逆流时的传热平均温差

$$\Delta t'_m = \frac{\Delta t_1 - \Delta t_2}{\ln \frac{\Delta t_1}{\Delta t_2}} = \frac{(80-38)-(35-30)}{\ln \frac{80-38}{35-30}} = 17.4 \text{℃}$$

由上述计算可知传热温差小于50℃，表明该换热过程不需要考虑热补偿。又由于流体苯在给定的冷却范围内不会发生缩合和结垢，因此不需要对壳程进行清洗，故可选用结构简单、价格低廉的固定管板式换热器。

为充分发挥换热器的效能，拟选用单壳程、偶数管程结构。

核算温差校正系数

$$R = \frac{T_1 - T_2}{t_2 - t_1} = \frac{80-35}{38-30} = 5.63$$

$$P = \frac{t_2 - t_1}{T_1 - t_1} = \frac{38-30}{80-30} = 0.16$$

由R和P的值，查化工原理教材中的$\varphi_{\Delta t}$算图得：$\varphi_{\Delta t} = 0.82 > 0.8$

即选用单壳程、偶数管程可行。

实际传热平均温差为

$$\Delta t_m = \varphi_{\Delta t} \Delta t'_m = 0.82 \times 17.4 = 14.3 \text{℃}$$

5. 估算传热面积

取$K_{估} = 450 \text{W/(m}^2 \cdot \text{℃)}$。则有

$$S_{估} = \frac{Q'}{K_{估} \Delta t_m} = \frac{1.01 \times 10^3 \times 10^3}{450 \times 14.3} = 157 \text{m}^2$$

6. 初选换热器型号

根据换热器的实际计算传热面积和估算传热面积相接近的原则，查 JB/T 4715—1992 固定管板式换热器规格表得出实际计算传热面积为 161.6m^2。因操作接近常压，为降低管程材料消耗和设备费用，故管、壳程设计压力均取 1.0MPa。换热管可选用 $\phi 25\text{mm} \times 2.5\text{mm}$ 普通碳素钢冷拔钢管，以便管程的清洗。采用封头管箱。初选换热器型号为

$$\text{BEM}1000\text{-}1.0\text{-}161.6\text{-}\frac{3}{25}\text{-}4 \text{ II}$$

其主要参数见表 3-15。

表 3-15 换热器主要参数

项目	参数	项目	参数
壳体内径	1000mm	公称压力（自选）	1.0MPa
计算传热面积	161.6m²	中心排管数	29
管子规格	$\phi 25\text{mm} \times 2.5\text{mm}$	管长	3000mm
管子数	710	管程数	4
管子排列方式	正三角形	管程流通面积	0.0557m²
管间距	32mm	折流挡板间距（自选）	200mm

7. 核算压降

(1) 管程压降

$$\sum \Delta p_i = (\Delta p_1 + \Delta p_2) F_t N_s N_p$$

$$F_t = 1.4, \quad N_s = 1, \quad N_p = 4$$

管程流速

$$u = \frac{30.25}{995 \times 0.0557} = 0.5458 \text{m/s}$$

$$Re = \frac{d_i u \rho}{\mu} = \frac{0.02 \times 0.5458 \times 995}{0.743 \times 10^{-3}} = 14618$$

取钢管的绝对粗糙度 $\varepsilon = 0.1\text{mm}$，则相对粗糙度 $\varepsilon/d = 0.1/20 = 0.005$。
查莫狄图，得 $\lambda = 0.037$。

$$\Delta p_1 = \lambda \frac{L}{d_i} \times \frac{\rho u^2}{2} = 0.037 \times \frac{3}{0.02} \times \frac{995 \times 0.5458^2}{2} = 822.6 \text{Pa}$$

$$\Delta p_2 = 3 \times \frac{\rho u^2}{2} = 3 \times \frac{995 \times 0.5458^2}{2} = 444.6 \text{Pa}$$

$$\sum \Delta p_i = (\Delta p_1 + \Delta p_2) F_t N_s N_p = (822.6 + 444.6) \times 1.4 \times 4 = 7096 \text{Pa} < 10 \text{kPa}$$

(2) 壳程压降

$$\sum \Delta p_o = (\Delta p_1' + \Delta p_2') F_s N_s$$

$$F_s = 1.15, \quad N_s = 1$$

$$\Delta p_1' = F f_o n_c (N_B+1) \frac{\rho u_o^2}{2}$$

管子为正三角形排列，$F=0.5$。
$$n_c = D/t - 1 = 1/0.032 - 1 = 30$$

因折流挡板间距 $L'=0.2\text{m}$，故 $N_B=(L/L')-1=3/0.2-1=14$。

壳程流速按壳程最大流动截面计算
$$A_o = L'(D-n_c d_0) = 0.2\times(1-30\times0.025) = 0.05\text{m}^2$$

故壳程流速
$$u_o = \frac{50}{3600\times0.05} = 0.2778\text{m/s}$$

$$Re_o = \frac{d_0 u_o \rho}{\mu} = \frac{0.025\times0.2778\times879}{0.41\times10^{-3}} = 14889$$

$$f_o = 5.0 Re_o^{-0.228} = 5.0\times14889^{-0.228} = 0.5592$$

$$\Delta p_1' = 0.5\times0.5592\times30\times\left[\left(\frac{3}{0.2}-1\right)+1\right]\times\frac{879\times0.2778^2}{2} = 4267\text{Pa}$$

$$\Delta p_2' = N_B\left(3.5-\frac{2L'}{D}\right)\frac{\rho u_o^2}{2} = 14\times\left(3.5-\frac{2\times0.2}{1}\right)\times\frac{879\times0.2778^2}{2} = 1472\text{Pa}$$

$$\sum\Delta p_o = (4267+1472)\times1.15\times1 = 6600\text{Pa} < 10\text{kPa}$$

可知，管程和壳程压降都能满足工艺要求。

8. 核算传热系数

采用此换热器，则要求过程的总传热系数为
$$K_{需} = \frac{Q'}{S_{实}\Delta t_m} = \frac{1.01\times10^3\times10^3}{161.6\times14.3} = 437\text{W}/(\text{m}^2\cdot\text{℃})$$

(1) 管程对流传热系数
$$\alpha_i = 0.023\frac{\lambda}{d_i}Re^{0.8}Pr^n = 0.023\times\frac{0.625}{0.02}\times14618^{0.8}\times4.98^{0.4}$$
$$= 2933\text{W}/(\text{m}^2\cdot\text{℃})$$

(2) 壳程对流传热系数（凯恩法）
$$\alpha_o = 0.36\frac{\lambda}{d_0}\left(\frac{d_e u\rho}{\mu}\right)^{0.55}\left(\frac{c_p\mu}{\lambda}\right)^{1/3}\varphi_w$$

由于换热管采用正三角形排列，故
$$d_e = \frac{4\times\left(\frac{\sqrt{3}}{2}t^2-\frac{\pi}{4}d_0^2\right)}{\pi d_0} = \frac{4\times\left(\frac{\sqrt{3}}{2}\times0.032^2-\frac{\pi}{4}\times0.025^2\right)}{\pi\times0.025} = 0.02\text{m}$$

$$\frac{d_e u\rho}{\mu} = \frac{0.02\times0.2778\times879}{0.41\times10^{-3}} = 11912$$

$$\frac{c_p\mu}{\lambda} = \frac{1.84\times10^3\times0.41\times10^{-3}}{0.152} = 4.963$$

壳程苯被冷却，取 $\varphi_w=0.95$。
$$\alpha_o = 0.36\times\frac{0.152}{0.025}\times11912^{0.55}\times4.963^{1/3}\times0.95 = 619\text{W}/(\text{m}^2\cdot\text{℃})$$

(3) 污垢热阻　分别取管内外污垢热阻为
$$R_{si}=2.1\times10^{-4}\,m^2\cdot\text{℃}/W,\quad R_{so}=1.72\times10^{-4}\,m^2\cdot\text{℃}/W$$

(4) 总传热系数　因壁面热阻通常很小，可忽略。故总传热系数为

$$K_{计}=\cfrac{1}{\cfrac{d_0}{\alpha_i d_i}+R_{si}\cfrac{d_0}{d_i}+R_{so}+\cfrac{1}{\alpha_o}}$$

$$=\cfrac{1}{\cfrac{0.025}{2933\times0.02}+2.1\times10^{-4}\times\cfrac{0.025}{0.02}+1.72\times10^{-4}+\cfrac{1}{619}}$$

$$=403.8\,W/(m^2\cdot\text{℃})$$

$K_{计}/K_{需}=403.8/437=0.924$，表明所选换热器不能满足传热要求。

故选用型号为 BEM1000-1.0-161.6-$\frac{3}{25}$-4 Ⅱ 的换热器是不合适的，需重新选型再次核算。

第4章 板式塔设计

4.1 概述

精馏是分离均相液体混合物的一种常用方法，也是应用最为广泛的化工单元操作，它是根据液体混合物中各组分挥发度（或沸点）的不同而将组分进行分离的过程。精馏操作既可通过板式塔实现，也可通过填料塔实现，本章主要介绍板式塔。

工业上对板式塔的要求是：①生产能力大；②传质、传热效率高；③流体流动阻力小，即压降小；④操作稳定，操作弹性大；⑤结构简单，耗材少，安装容易；⑥耐腐蚀，不易堵塞，操作和检修方便。

板式塔的设计原则基本相同，设计步骤大致如下：

① 根据设计任务和工艺要求，确定设计方案；并对精馏装置的流程、操作条件、主要设备型式等进行论述。

② 根据设计任务和工艺要求，进行相关工艺计算，并确定塔高和塔径。

③ 进行塔板的工艺设计，包括溢流装置的设计、塔板布局、确定塔板各主要工艺的尺寸等。

④ 进行流体力学校核计算，并绘制塔板的操作负荷性能图。

⑤ 根据负荷性能图，对设计进行分析，如不够理想，可对相关参数进行调整，重复上述过程，直至达到要求。

⑥ 进行管路和再沸器、冷凝器等附属设备的计算与选型。

⑦ 撰写设计说明书。

⑧ 绘制板式塔装置工艺流程图和板式塔的结构图（包括主视图和俯视图）。

4.2 设计方案的确定

精馏装置包括精馏塔及再沸器、冷凝器、原料预热器、釜液冷却器等设备。精馏是挥发度不同的物料在塔内经过多次部分汽化和多次部分冷凝实现的分离过程。设计方案的确定是指设计者需要根据给定的任务来确定精馏装置基本流程、主体设备的结构形式以及主要的操作条件，如组分的分离次序、操作压力、进料的状态、塔顶蒸气的冷凝方式、测量控制仪表的设置等。设计方案必须满足：①工艺要求，达到指定的产量和质量；②操作条件平稳，易于控制和调节；③经济合理；④生产安全，满足环境保护要求等。在实际设计时，这些方面需要综合考虑。

4.2.1 装置流程的确定

① 物料储存与输送 在工艺流程中，应设有原料槽、产品槽和离心泵。原料可由泵直接送到塔内或由高位槽送料，避免受到泵操作波动的影响。为使过程持续、稳定地进行，还需要将产品通过泵送到下一道工序。

② 参数测量调控 在生产过程中，必须在适当的位置设有仪表，以便测量流量、压力和温度等重要参数；与此同时，在实际生产过程中，一些参数可能会在一定程度上波动，故必须在流程中设置一定的阀门（手动或自动）进行调节，以适应这种波动。

③ 操作方式的确定 精馏过程可分为连续精馏和间接精馏。连续精馏具有生产能力大、质量稳定等优点，可用于大规模工业生产。间歇精馏具有操作灵活、适应性强等特点，可用于小规模、多品种或多组分物系分离的工业生产。

④ 热能的利用 精馏是一个组分进行多次汽化和多次冷凝的过程，耗能较多，如何合理利用精馏过程本身的热能是一个重要问题，常用的方法有以下几种：

a. 选用合适的回流比，使工艺在最优条件下进行，将能耗降到最低。

b. 合理利用精馏过程本身的热能，如使用釜液预热原料，或将原料作为塔顶产品冷凝器的冷却介质，这样既可将原料预热，又可节约冷却介质。

c. 利用中间再沸器和中间冷凝器来提高精馏塔的热能利用效率。中间再沸器可以利用比塔底温度低的热源，而中间冷凝器可以回收比塔顶温度高的热量。

简而言之，在确定流程时，应综合考虑设备费、操作费、操作控制及安全等因素。

4.2.2 操作条件的确定

(1) 操作压力的选择

精馏操作在常压、减压和加压的条件下均可进行，操作压力的确定，主要是根据物料的性质、技术上的可行性和经济上的合理性来考虑的。当物性没有特殊要求时，一般是在常压或稍高于大气压下操作；对于热敏性物系或混合物泡点过高的物系，宜采用减压精馏；对于低沸点、在常压下呈气态的物系采用加压精馏。例如苯乙烯常压沸点为145.2℃，而将其温度升至102℃以上就会发生聚合，属于热敏性物系，故对其应采用减压精馏；又如石油气在常压下呈气态，必须采用加压精馏分离。

(2) 加热方式的选择

大多数精馏操作采用间接蒸汽加热，设置再沸器，有时也使用直接蒸汽加热，如在低浓度下轻组分的相对挥发度较大，釜液主要是水（如乙醇与水混合液），此时可以采用直接蒸汽加热，这样可利用压力较低的加热蒸汽节省操作成本，并省去间接加热设备。不过，直接蒸汽的加入对釜内溶液有一定稀释作用，在进料条件、塔顶产品纯度、收率一定的前提下，釜液组成会减少。

(3) 冷却剂与出口温度

冷却剂的选择取决于塔顶蒸气的温度。通常用水作为冷却剂，这也是最经济的方法。水的入口温度由气温决定，出口温度由设计者确定。冷却水出口温度应尽可能高，以减少冷却剂的用量，但温差小会增加传热面积。冷却水出口温度也要考虑当地的水资源状况，一般不应该超过50℃，否则会析出溶解在水中的无机盐，形成水垢，影响传热效果。

(4) 进料热状态的选择

进料热状态以进料热状态参数 q 表达，即

$$q = \frac{使每摩尔进料变成饱和蒸气所需热量}{每摩尔进料的汽化热} \tag{4-1}$$

进料热状态有五种情况，即过冷液进料、饱和液体进料、气液混合物进料、饱和蒸气进料、过热蒸气进料。

进料热状态对塔内各层塔板的气、液相负荷有影响。从操作费、设备费以及操作稳定性等方面考虑，通常采用饱和液体（泡点）进料，但需要增加原料预热器。如果为了避免釜温过高、料液发生聚合或结焦等现象，工艺要求减少塔釜的加热量，则应采用气态进料。

(5) 回流比的选择

回流比的选择主要是从经济角度来考虑，尽可能使设备费与操作费之和最小。一般经验值为

$$R = (1.1 \sim 2.0) R_{\min} \tag{4-2}$$

式中　R——操作回流比；

　　　$R_{\min}$——最小回流比。

在课程设计时，也可参照同类生产的经验值 R 来选择。必要时可选若干个 R 值，利用吉利兰图（简捷法）计算出相应的理论板数 N，作出 N-R 曲线，从而找到合适的操作回流比。还可以建立 R 与精馏操作费用的关系图，来确定合适的回流比，也可用 Aspen、ChemCAD 等化工模拟软件进行优化。

4.3　塔板的类型

气-液传质设备主要分为板式塔和填料塔两大类，进行精馏操作时板式塔和填料塔均可使用，本章主要介绍板式塔。

板式塔种类繁多，塔板是板式塔的主要构件，分为错流式塔板和逆流式塔板两类，工业上常以错流式塔板为主，常用的错流式塔板主要有以下几种。

4.3.1　泡罩塔板

泡罩塔板如图4-1所示，它是工业上应用最早的塔板，主要由升气管及泡罩构成。泡罩安装在升气管顶部，分圆形和条形两种，在国内应用最多的是圆形泡罩。泡罩尺寸有 ϕ80mm、ϕ100mm、ϕ150mm 三种，可根据塔径的大小进行选择。通常塔径小于 1000mm 时，多选用 ϕ80mm 的泡罩；塔径大于 2000mm 时，一般选用 ϕ150mm 的泡罩。泡罩的下部周边开有很多形状的齿缝，通常有三角形、矩形和梯形。泡罩在塔板上呈正三角形排列。

在操作过程中，液体沿着塔板横向流过，因溢流堰的存在，板上会存在一定厚度的液层，齿缝浸入液层中，从而形成液封。为了防止液体从中漏下，升气管的顶部应高于泡罩齿缝的上沿。上升的气体经过齿缝进入液层后，被分散成许多细小的气泡或流股，在板上形成鼓泡层，为气液两相的传质传热过程提供大量的接触面积。

图 4-1　泡罩塔板局部图

泡罩塔板的主要优点是操作弹性较大，液气比范围大，操作稳定。缺点是结构复杂，易堵塞，板上液层厚，塔板压降大，造价高，生产能力以及塔板效率低。泡罩塔板现已很少使用，逐渐被浮阀塔板或筛板所取代。

4.3.2　筛孔塔板

筛孔塔板简称筛板，其结构特征为塔板上开有许多均匀的小孔，根据孔径大小，分为小孔径筛板（孔径为 3~8mm，常用 4~6mm）和大孔径筛板（孔径为 10~25mm）两类。工业应用中以小孔径筛板为主。

筛板厚度 δ：

一般碳钢，$\delta=3\sim4$mm 或 $\delta=(0.4\sim0.8)d_0$。

不锈钢，$\delta=2\sim2.5$mm 或 $\delta=(0.5\sim0.7)d_0$。

筛板的优点：结构简单，造价低，其成本约为泡罩塔板的 60%、浮阀塔板的 80%；液面落差小，气体压降低，生产能力较大；气体分散均匀，传质效率高。筛板的缺点：操作弹性较小；易堵塞，不适宜处理易结焦、黏度大的物料。

应当指出的是，尽管筛板传质效率高，但是如果设计或者操作不当，易产生漏液。近年来由于设计和控制水平的提高，在确保设计精确和采用先进控制手段的前提下，可放心使用。

4.3.3　浮阀塔板

浮阀塔板是在泡罩塔板和筛孔塔板的基础上发展起来的，具有两种塔板的优点。其结构是在塔板上开有若干阀孔，每个阀孔上安装一个可以上下浮动的浮阀。浮阀可根据气体流量的大小上下浮动，并自行调节，气流从浮片和塔板间的间隙水平地进入塔板上的液层。

浮阀的种类很多，常见的有 F1 型（相当于国内 V-1 型）、V-4 型、T 型和十字型等，其中 F1 型浮阀因其结构简单、节约材料、制造方便、性能优良等特点，在化工、炼油等行业中被广泛应用。与泡罩塔板相比，浮阀塔板在操作弹性、塔板效率、压降、生产能力以及设备造价等方面都具有明显的优势。然而，在处理易结焦、高黏度的物料时，阀片容易与塔板黏结，有时在操作中还会出现阀片脱落或卡死等现象，从而降低了操作弹性和塔板效率。图 4-2 为常见的浮阀形状及结构示意图，主要尺寸见表 4-1。

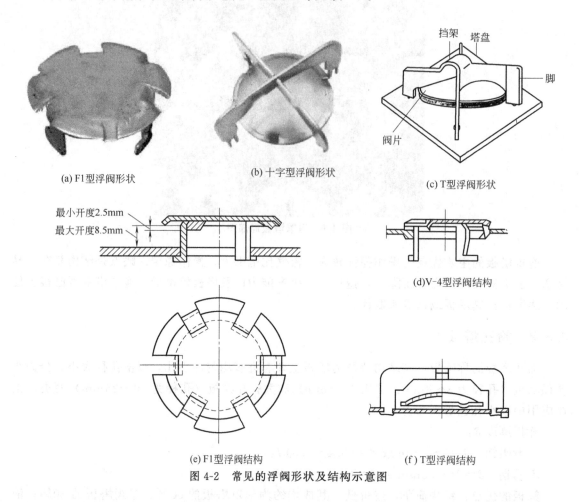

图 4-2　常见的浮阀形状及结构示意图

表 4-1　F1 型、V-4 型、T 型浮阀的主要尺寸

型式	F1 型（重阀）	V-4 型	T 型
阀孔直径/mm	39	39	39
阀片直径/mm	48	48	50
阀片厚度/mm	2	1.5	2
最大开度/mm	8.5	8.5	8
静止开度/mm	2.5	2.5	1.0～2.0
阀片质量/g	32～34	25～26	30～32

以上传统的泡罩、筛孔和浮阀类塔板上气液两相都是以错流方式相遇或者接触，两相的流体力学工况属于泡沫鼓泡类型。而近年来出现的喷射型塔板使得气液两相并流，增大了气体负荷，强化了两相的接触，实现了现代工业分离对高效、低阻、大通量的要求，在国际上受到广泛的重视，同时标志着塔板技术从传统的泡沫鼓泡操作扩展到更为广阔的喷雾液滴的工况领域。虽然人们也逐渐认识到喷射型塔板有很好的传质分离效率，

但是实现喷射并达到稳定的条件较难，或者制造成本等，也使得喷射型塔板的应用在很大程度上受到限制。

4.4 板式塔工艺设计计算

板式塔的设计计算，主要是指塔高、塔径、塔板各部分尺寸的设计计算，还包括塔板的布置、塔板流体力学性能的校核、画出塔板的负荷性能图等。

4.4.1 物料衡算

（1）间接蒸汽加热
① 全塔物料衡算

物料 $$F=D+W \tag{4-3}$$

易挥发组分 $$Fx_F=Dx_D+Wx_W \tag{4-4}$$

式中 F、D、W——进料、馏出液和釜液的流量，kmol/h；

x_F、x_D、x_W——进料、馏出液和釜液中易挥发组分的组成（摩尔分数）。

② 精馏段操作线方程

$$y_{n+1}=\frac{L}{L+D}x_n+\frac{D}{L+D}x_D \tag{4-5}$$

或 $$y_{n+1}=\frac{R}{R+1}x_n+\frac{x_D}{R+1} \tag{4-6}$$

式中 L——精馏段内回流液流量，$L=RD$，kmol/h；

x_n——精馏段内第 n 层理论板下降的液相组成（摩尔分数）；

y_{n+1}——精馏段内第 $n+1$ 层理论板上升的蒸汽组成（摩尔分数）。

③ 提馏段操作线方程

$$y'_{m+1}=\frac{L'}{L'-W}x'_m-\frac{W}{L'-W}x_W \tag{4-7}$$

$$y'_{m+1}=\frac{L+qF}{L+qF-W}x'_m-\frac{W}{L+qF-W}x_W \tag{4-8}$$

式中 L'——提馏段内回流液流量，$L'=L+qF$，kmol/h；

x'_m——提馏段内第 m 层板下降的液相组成（摩尔分数）；

y'_{m+1}——提馏段内第 $m+1$ 层板上升的蒸汽组成（摩尔分数）。

④ 进料线方程（q 线方程）

$$y=\frac{q}{q-1}x-\frac{x_F}{q-1} \tag{4-9}$$

q 线方程即精馏段操作线与提馏段操作线交点的轨迹方程。

（2）直接蒸汽加热
① 全塔物料衡算

总物料 $$F+S=D+W \tag{4-10}$$

易挥发组分 $$Fx_F+Sy_0=Dx_D+Wx_W \tag{4-11}$$

式中　S、y_0——直接蒸汽量（kmol/h）及其组成（$y_0=0$）。

恒摩尔流、泡点进料时

$$V=V'=S$$

式中　V——精馏段上升蒸汽量，kmol/h；
　　　V'——提馏段上升蒸汽量，kmol/h。

② 精馏段操作线方程

$$y_{n+1}=\frac{R}{R+1}x_n+\frac{1}{R+1}x_D \tag{4-6}$$

③ 提馏段操作线方程

$$y'_{m+1}=\frac{W}{S}x'_m-\frac{W}{S}x_W \tag{4-12}$$

当进料组成、热状态和回流比相同时，如果要获得相同的塔顶产品组成和回收率，那么直接蒸汽加热比间接蒸汽加热需要的理论板数更多。

4.4.2 理论板数计算

欲计算完成分离要求所需的理论板数，需知原料液组成、进料热状态和操作回流比等操作条件，利用气液相平衡关系、精馏段操作线方程、提馏段操作线方程进行求算。现以塔内恒摩尔流假定为前提，以二元精馏体系为例介绍理论板数的计算方法。

(1) 逐板计算法

逐板计算一般从塔顶开始进行。假定塔顶采用全凝器，以泡点回流，那么自第一层板上升蒸汽的组成等于塔顶产品的组成，即 $y_1=x_D$。而从第一层板下降的液体组成 x_1 与 y_1 相平衡，根据相平衡方程 $y_n=\dfrac{\alpha x_n}{1+(\alpha-1)x_n}$ 求得 x_1。

由于 x_1 计算出来了，所以第二层塔板上升蒸汽组成 y_2 可根据精馏段操作线方程进行计算，即

$$y_2=\frac{R}{R+1}x_1+\frac{x_D}{R+1}$$

同理，由 y_2 根据相平衡方程求出 x_2，再由 x_2 根据精馏段操作线方程求出 y_3，依次交替由相平衡方程和精馏段操作线方程进行逐板计算，直到 $x_n\leqslant x_F$ 时，第 n 层理论板即进料板，精馏段理论板数为 $n-1$ 层。

之后，改用提馏段操作线方程 [式 (4-8)] 进行计算。

$$y'_2=\frac{L+qF}{L+qF-W}x'_1-\frac{W}{L+qF-W}x_W$$

令 $x'_1=x_n$，通过上式求得 y'_2，与精馏段理论板数的计算方法相同，用相平衡方程和提馏段操作线方程交替进行逐板计算，直至 $x'_m\leqslant x_W$ 为止。

当采用间接蒸汽加热时，再沸器内可视为达到气液两相平衡，因此，再沸器相当于一层理论板，则提馏段的理论板数为 $m-1$ 层。故不包含再沸器时，全塔的理论板数为 $n+m-2$。

在上述的计算过程中，每用一次相平衡方程表示需要一层理论板。

显然，根据逐板计算法可以同时得到各层板上的气液两相的组成，且计算结果准确，是

计算理论板数的基本方法。在塔板数较多的情况下，手算复杂，可利用计算机编程进行求解。

（2）直角梯级图解法

图解法又称 McCabe-Thiele 法，简称 M-T 法，是在 x-y 相平衡图上表示逐板计算法，分别用相平衡曲线和操作线替代相平衡方程和操作线方程，用图解理论板的方法替代逐板计算法，那么理论板数的求算过程将会大大简化。该方法误差较大，一般应用于二元精馏过程。

图解法步骤简述如下：

假定使用间接蒸汽加热，塔顶全凝器（$x_D = y_1$），泡点进料，如图 4-3 所示。

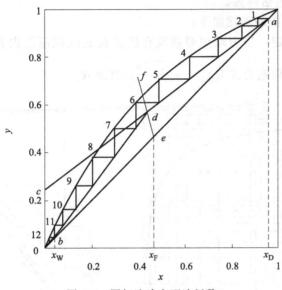

图 4-3　图解法确定理论板数

① 首先在 x-y 图上作平衡线和对角线。

② 作精馏段操作线。连接点 a（x_D, x_D）和点 $c\left(0, \dfrac{x_D}{R+1}\right)$，即得到精馏段操作线 ac。

③ 绘制进料线（q 线）。从点 e（x_F, x_F）绘制以 $\dfrac{q}{q-1}$ 为斜率的 ef 线（即为 q 线）。q 线 ef 与精馏段操作线 ac 的交点 d 是精馏段、提馏段操作线的交点。

④ 绘制提馏段操作线。连接点 d 与点 b（x_W, x_W），即得到提馏段操作线 db。

⑤ 图解理论板数。以点 a（x_D, x_D）为起点，画出精馏段操作线 ac 与平衡线之间的直角梯级，当梯级跨过两条操作线交点 d 时，改用提馏段操作线 db 与平衡线之间的直角梯级，直至梯级的垂直线达到或超过点 b（x_W, x_W）为止，每一个梯级代表一层理论板，跨过交点 d 的梯级为进料板。

本章所用的例子是间接蒸汽再沸器，它可以被看作一层理论板。从图 4-3 可知，一共需要 11 层理论板（不包括再沸器），其中精馏段 5 层，提馏段 6 层，第 6 层是进料板。

当塔顶采用分凝器，即塔顶蒸汽通过分凝器后部分冷凝，冷凝液作为回流液从塔顶返回精馏塔，而未冷凝的蒸汽经冷凝器冷凝作为塔顶液体产品。由于离开分凝器的气相与液相可以认为是相互平衡的，所以分凝器也相当于一层理论板。因此，利用上述的方法求出的理论板数还应再减去一层板。

如果使用直接蒸汽加热,在塔顶利用全凝器泡点进料时,其理论板数的求解方法同上,利用相应的相平衡方程和操作线方程求得理论板数。然而,在绘制图解理论板时,应注意塔釜点 $c'(x_W^*, 0)$ 位于横轴上(直接蒸汽组成 $y_0=0$)。

应予说明,为了提高图解理论板方法的准确性,应该选择合适的制图比例;对于分离要求很高的系统,应在高纯度区域(接近平衡线的端部)局部放大制图比例,或者采用对数坐标,也可编写程序用逐板计算法进行求解。

(3) 简捷法

简捷法又称吉利兰关联图法。图 4-4 所示的吉利兰关联图纵坐标中的理论板数 N 及最少理论板数 N_{min} 都不包括再沸器。

该方法计算理论板数的步骤如下:

① R_{min} 和 R 的选定 当为理想溶液或在所涉及的组成范围内相对挥发度可取为常数时,如图 4-5 所示,可根据公式 $R_{min} = \dfrac{x_D - y_e}{y_e - x_e}$ 计算出 R_{min}。

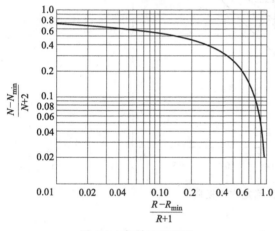

图 4-4 吉利兰关联图

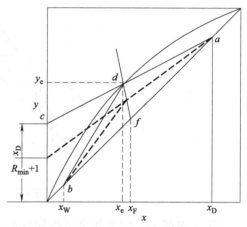

图 4-5 最小回流比的分析

当进料为饱和液体时

$$R_{min} = \frac{1}{\alpha_m - 1}\left[\frac{x_D}{x_F} - \frac{\alpha_m(1 - x_D)}{1 - x_F}\right] \tag{4-13}$$

当进料为饱和蒸汽时

$$R_{min} = \frac{1}{\alpha_m - 1}\left(\frac{\alpha_m x_D}{y_F} - \frac{1 - x_D}{1 - x_F}\right) - 1 \tag{4-14}$$

式中 y_F——饱和蒸汽进料的组成(摩尔分数),当平衡曲线形状处于不正常的情况下,应该采用作图法求 R_{min};

α_m——全塔平均相对挥发度,α 变化不大时可取塔顶与塔底的 α 几何均值,$\alpha_m = (\alpha_D \alpha_W)^{1/2}$。

② 计算 N_{min} 可由下式计算

$$N_{min} = \frac{\lg\left(\dfrac{x_D}{1 - x_D} \times \dfrac{1 - x_W}{x_W}\right)}{\lg \alpha_m} - 1 \tag{4-15}$$

式中　$N_{\min}$——全回流时的最小理论板数（不包括再沸器）。

③ 理论板数 N 的求解　计算 $\dfrac{R-R_{\min}}{R+1}$ 值，在吉利兰图横坐标上找到相应点，从该点引出铅垂线与曲线相交，通过与交点相应的纵坐标 $\dfrac{N-N_{\min}}{N+2}$ 值求算出理论板数 N（不包括再沸器）。

④ 确定进料板的位置　根据式（4-15），以 x_F 代 x_W，α'_m 代 α_m 求出 $N_{\min 精}$，即得到式（4-15），通过其可计算出精馏段的理论板数

$$N_{\min 精}=\dfrac{\lg\dfrac{x_D}{1-x_D}\times\dfrac{1-x_F}{x_F}}{\lg\alpha'_m}-1 \tag{4-16}$$

精馏段理论板数 $N_{精}$ 可由简捷法求得，加料板为 $N_{精}$ 的下一块板。精馏段的平均相对挥发度为 α'_m。

4.4.3　塔效率的估算

塔效率是指在一定的分离要求和回流比条件下，所需理论板数 N_T 与实际塔板数 N_P 的比值，即

$$E_r=\dfrac{N_T}{N_P}\text{（式中 }N_T\text{ 不包括再沸器）} \tag{4-17}$$

塔效率取决于系统物性、塔板结构及操作条件等因素，影响塔效率的因素多且复杂，只有经过实验测量才能得到较为可靠的全塔效率数据。在设计中，也可通过条件相似的生产装置或中试实验装置得到可靠的经验数据。必要时也可以考虑合适的关联方法，下面介绍两种较为广泛的关联方法。

① Drickamer 和 Bradford 法　由大量烃类精馏工业装置的实测数据归纳出精馏塔全塔效率关联式

$$E_T=0.17-0.616\lg\mu_m \tag{4-18}$$

式中　μ_m——在塔的平均温度下根据进料组成计算得到的平均黏度。

$$\mu_m=\sum x_{Fi}\mu_{Li}$$

式中　μ_{Li}——在塔内平均温度下进料中 i 组分的液相黏度，mPa·s。

式（4-18）适用于液相黏度为 $0.07\sim1.4$ mPa·s 的烃类物系。

② O'connell 法　O'connell 将全塔效率关联成 $\alpha\mu_L$ 的函数，此方法较为简易，其公式为

$$E_T=0.49(\alpha\mu_L)^{-0.245} \tag{4-19}$$

式中　α——塔顶及塔底在平均温度下的相对挥发度；

μ_L——塔顶及塔底在平均温度下进料液相平均黏度，mPa·s。

该方法适用于 $\alpha\mu_L=0.1\sim7.5$，且板上液流长度≤1.0m 的一般工业板式塔。

4.4.4　板式塔有效高度的计算

塔有效高度根据下式计算

$$Z = \frac{N_T - 1}{E_T} H_T \tag{4-20}$$

式中 Z——塔的有效高度，m；

H_T——塔板间距，m。

塔板间距 H_T 的选定很重要，它取决于塔径、塔高、物系性质、分离效率、塔的操作弹性，以及塔的安装、检修等条件。塔板间距与塔径的关系应通过流体力学验算，并根据经济效益进行反复调整。表 4-2 可作为初选的参考。

表 4-2 塔板间距与塔径的关系

塔径/m	0.3~0.5	0.5~0.8	0.8~1.6	1.6~2.4	2.4~4.0
塔板间距/mm	200~300	250~350	300~450	350~600	400~600

选定塔板间距时，还应考虑实际情况，比如当塔板数较多时，可以选择较小的塔板间距，适当增大塔径，从而降低塔高；当塔内各段负荷差异较大时，也可取不同的塔板间距，确保塔径相同；对于易起泡的物系，应选择较大的塔板间距，从而确保塔的分离效果。在生产负荷波动较大的情况下，可适当增大塔板间距，以保持一定的操作弹性。

另外，考虑到安装、检修的需要，为了有足够的工作空间，在塔体人孔处的塔板间距应大于 600mm；而对于只需开手孔的小型塔，开手孔处的塔板间距可小于 450mm。

4.4.5 塔径的计算

可根据流量公式计算塔径，即

$$D = \sqrt{\frac{4V_s}{\pi u}} \tag{4-21}$$

式中 V_s——塔内气体的体积流量，m³/s；

u——空塔气速，m/s。

由此可见，要求出塔径，必须先确定空塔气速 u。在设计过程中，通常先求出最大空塔气速 u_{max}，再乘以安全系数，即

$$u = (0.6 \sim 0.8) u_{max}$$

$$u_{max} = C \sqrt{\frac{\rho_L - \rho_V}{\rho_L}} \tag{4-22}$$

式中 u_{max}——最大空塔气速，m/s；

ρ_L、ρ_V——液相与气相密度，kg/m³；

C——负荷因子，m/s。

负荷因子取决于气液负荷、物性及塔板结构，通常通过实验确定，也可通过 Smith 关联图确定，如图 4-6 所示。

图 4-6 中的负荷因子是基于表面张力 $\sigma = 20$mN/m 的物系绘制的。如果处理的物系表面张力为其他值，则须按式 (4-23) 校正已查取的负荷因子，即

$$C = C_{20} \left(\frac{\sigma}{20} \right)^{0.2} \tag{4-23}$$

根据式 (4-21) 算出塔径后，还需要根据化工机械标准进行圆整并核算出实际气速。一般情况下，塔径小于 1m 时，按 100mm 增值计算；塔径大于 1m 时，按 200mm 增值确定塔

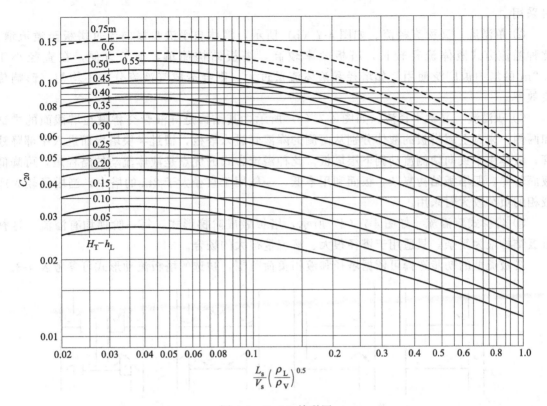

图 4-6 Smith 关联图

V_s、L_s—塔内气、液两相的体积流量，m^3/s；ρ_V、ρ_L—塔内气、液两相的密度，kg/m^3；h_L—板上液层的高度，m；H_T—塔板间距，m；H_T-h_L—液滴沉降空间高度，m；$\dfrac{L_s}{V_s}\left(\dfrac{\rho_L}{\rho_V}\right)^{0.5}$—气液动能参数

径的大小。当精馏段和提馏段负荷变化较大时，应该分段计算塔径。当精馏段和提馏段塔径相差较大时，应采用变径塔。

应予说明，利用以上方法计算出来的塔径是初步估算的，还需进行流体力学验算等，经验证合格后，才能确定实际塔径。

4.5 塔板工艺尺寸设计计算

4.5.1 溢流装置的设计

4.5.1.1 溢流方式的选择

溢流装置的设计应考虑液体流经塔板的流动类型。由于液体在板上流动情况对气液接触的影响很大，根据不同的情况，通常采用以下几种液流形式。

① U 形流 又称回转流。如图 4-7（a）所示，其结构是将弓形降液管用挡板隔成两半，一半作为受液盘，另一半作为降液管，降液和受液装置安排在同一侧。因流体在板上流程较长，故可以提高塔板效率。但由于液面落差大，只适用于小塔或者液气比很小

时采用。

② 单溢流　又称直径流。如图 4-7（b）所示，液体自受液盘横向流过塔板至溢流堰。此种溢流方式液体流径较长，塔板效率较高，塔板结构简单，加工方便，在直径小于 2.2m 的塔中被广泛使用。如塔径和液体流量过大，则会造成气液流分布不均匀，影响传质效率。

③ 双溢流　又称半径流。如图 4-7（c）所示，其结构是降液管交替设在塔截面的中部和两侧，来自上层塔板的液体分别从两侧的降液管进入塔板，横过半块塔板而进入中部降液管，液体由中央向两侧流动到下层塔板。此种溢流方式的优点是液体流动的路程短，可降低液面落差。但塔板结构复杂，板面利用率低，一般用于直径大于 2m 的塔中，当塔径较大或液相的负荷较大时采用。

④ 阶梯式双溢流　如图 4-7（d）所示，塔板做成阶梯形式，每一阶梯均有溢流。这种塔板结构最为复杂，只适用于塔径很大、液流量很大的场合。

塔板流型的初步选择可依据塔径和液相负荷范围，初选的塔板流动形式可参考表 4-3。

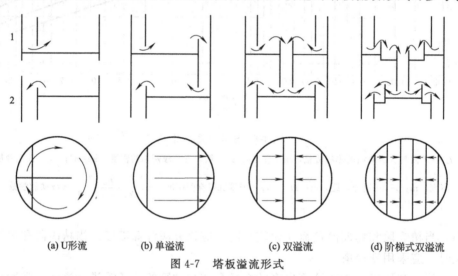

(a) U形流　　(b) 单溢流　　(c) 双溢流　　(d) 阶梯式双溢流

图 4-7　塔板溢流形式

表 4-3　液相负荷与板上液流形式的关系

塔径 D/mm	液体流量 L_s/(m³/h)			
	U 形流	单溢流	双溢流	阶梯式双溢流
600	5 以下	5～25		
900	7 以下	7～50		
1000	7 以下	45 以下		
1200	9 以下	9～70		
1400	9 以下	70 以下		
1500	10 以下	11～80		
2000	11 以下	11～110	110～160	
2400	11 以下	11～110	110～180	
3000	11 以下	110 以下	110～200	200～300

4.5.1.2 降液管类型的选择

降液管有两种类型，即圆形和弓形，如图 4-8 所示，圆形降液管（a）和内弓形降液管（b）均适用于直径较小的塔板；弓形降液管（c）是由部分塔壁面和一块平板围成，可充分利用塔内空间，提供较大降液面积及两相分离的空间，普遍用于直径较大、负荷较大的塔板；倾斜式弓形降液管（d）既增大了分离空间，又不过多占用塔板面积，适用于大直径、大负荷的塔板。

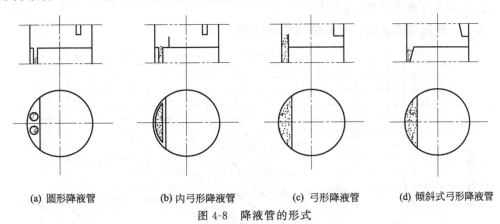

(a) 圆形降液管　　(b) 内弓形降液管　　(c) 弓形降液管　　(d) 倾斜式弓形降液管

图 4-8　降液管的形式

4.5.1.3 溢流装置的设计计算

在工业应用中，塔内的降液管以弓形降液管为主，因此本书只讨论弓形降液管的设计。下面参照塔板结构参数（图 4-9）来介绍单溢流弓形降液管的溢流装置设计。

（1）溢流堰

溢流堰（出口堰）设置在塔板出口处，具有维持塔板上液层高度一定的作用，并使液流在板上能均匀流动。除了个别情况（如很小的塔）外，在降液管前都应该设有溢流堰，堰高以 h_w 表示，弓形溢流管的弦长称为堰长，以 l_w 表示。

① 堰长 l_w　通常根据液体负荷及溢流形式而定。

单流型　$l_w = (0.6 \sim 0.8) D$

双流型　$l_w = (0.5 \sim 0.7) D$

② 堰高 h_w　堰高为溢流堰端面高出塔板面的距离。板上清液层高度 h_L 是堰高 h_w 与堰上液层高度 h_{0w} 之和，即

$$h_L = h_w + h_{0w} \tag{4-24}$$

③ 堰上液层高度 h_{0w}　堰上液层高度应适宜。如果太小，堰上的液体分布不均匀；太大则塔板压降增大，雾沫夹带增加。对于平直

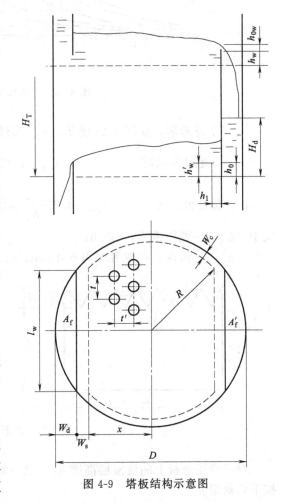

图 4-9　塔板结构示意图

堰，设计时通常 h_{0w} 大于 6mm；如果小于 6mm，应该改用齿形堰。h_w 一般在 60~70mm，否则可改用双溢流型塔板。

a. 对于平直堰，堰上液层高度 h_{0w} 可用弗兰西斯公式计算，即

$$h_{0w} = 2.84 \times 10^{-3} E \left(\frac{L_s}{l_w} \right)^{2/3} \tag{4-25}$$

式中　L_s——塔内液体流量，m^3/h；
　　　E——液流收缩系数，可根据图 4-10 查取。

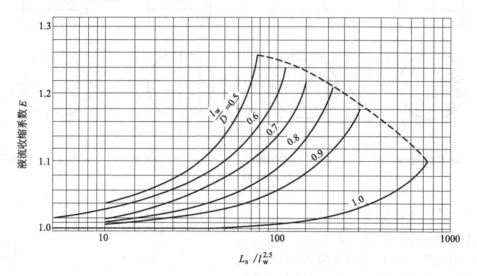

图 4-10　液流收缩系数 E 值关联图

b. 对于齿形堰，如图 4-11 所示，h_{0w} 可通过下式计算：

h_{0w} 不超过齿顶时

$$h_{0w} = 1.17 \left(\frac{L_s h_n}{l_w} \right)^{2/3} \tag{4-26}$$

h_{0w} 超过齿顶时

$$h_{0w} = 0.735 \frac{l_w}{h_n} [h_{0w}^{5/2} - (h_{0w} - h_n)]^{5/2} \tag{4-27}$$

式中　L_s——流体流量，m^3/h；
　　　h_n——齿深，一般可取为 0.015m，m。

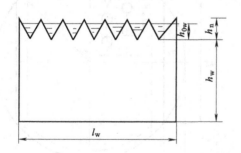 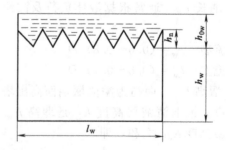

图 4-11　齿形堰 h_{0w} 示意图

对于常压塔板上的清液层高度 h_L，其一般在 0.05~0.1m，因此，在求出 h_{0w} 后，即可按下式确定 h_w

$$0.05 - h_{0w} \leq h_w \leq 0.1 - h_{0w} \tag{4-28}$$

堰高 h_w 一般在 0.03～0.05m 范围内；对于减压塔适当减小此值，可在 0.015～0.025m 范围内选取；高压塔可在 0.03～0.08m 范围内取，一般不超过 0.1m。

(2) 降液管

① 降液管的宽度 W_d 及面积 A_f 弓形降液管的宽度 W_d 以及截面积 A_f 可根据图 4-12 求得。

② 对双溢流型板而言，中间降液管的宽度 W_d 一般为 200～300mm，其截面积 A_f 尽可能等于两侧降液管面积之和。

液体在降液管中的停留时间 θ 一般不应小于 3～5s，以确保溢流液体中的泡沫有充分的时间从降液管中分离出来。然而，对于在高压下工作的塔和易起泡的物系来说，停留时间应该更长。在确定降液管截面积之后，应按下式对降液管内液体的停留时间进行验算

$$\theta = \frac{3600 A_f H_T}{L_s} \geq 3 \sim 5 s \tag{4-29}$$

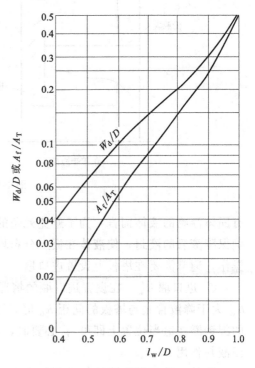

图 4-12 弓形降液管的宽度与面积

式中 A_f——降液管截面积，m^2；
  H_T——塔板间距，m；
  L_s——塔内液体流量，m^3/h。

③ 降液管底隙高度 h_0 降液管底隙高度是指降液管下端到塔板的距离。为了防止沉淀物在底隙处积聚而堵塞降液管，应确保当液体流经此处时不会有过大的局部压力；同时需要良好的液封条件，以防止气体通过降液管时产生短路。因此，降液管底缘到下一块塔板的距离 h_0 应低于外堰高度 h_w，一般取

$$h_0 = h_w - (0.006 \sim 0.012) m \tag{4-30a}$$

h_0 一般不小于 20～25mm。

也可根据下式进行计算

$$h_0 = \frac{L_s}{l_w u_o'} \tag{4-30b}$$

式中 u_o'——液体通过降液管底隙时的流速，根据经验，一般取 0.07～0.025m/s，m/s。

(3) 受液盘和进口堰

① 受液盘 受液盘有平受液盘和凹形受液盘两种类型，如图 4-13 所示。受液盘面积以 A_f' 表示。

对于直径大于 800mm 的大塔，通常采用凹形受液盘，凹形受液盘具有以下优点：便于液体的侧线抽出；液流量较低时依旧可形成良好的液封；对改变液体流向起到缓冲作用。凹形受液盘的深度一般在 0.050m 以上，但不得超过塔板间距的 1/3。对容易聚合的液体或含

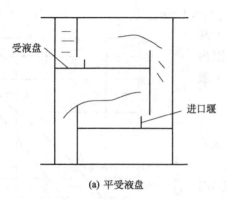
(a) 平受液盘

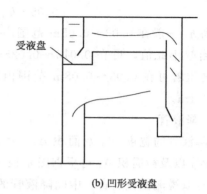
(b) 凹形受液盘

图 4-13 受液盘示意图

有固体浮物的液体而言，为了避免死角的形成，宜使用平受液盘。如果使用平受液盘，为了确保降液管的液封，使液体在板上分布均匀，减少进口处液体水平冲出而影响塔板入口处的操作，通常需要在塔板上设置进口堰。

② 进口堰 h'_w　在设置进口堰的情况下，根据以下原则考虑其高度 h'_w：a. 当溢流堰高 h_w 大于降液管底与塔板的间距 h_0 时，可取为 6～8mm（点焊一段直径为 ϕ6mm 或 ϕ8mm 的圆钢圈在适当位置上即可）；必要时，可取 $h'_w = h_w$。b. 当 $h_w < h_0$ 时，应取 $h'_w > h_0$ 以保证液封作用。

此外，进口堰和降液管之间的水平距离不应小于 h_0，以确保液体从降液管中流出时不会受到很大的阻力，促使液流畅通。

4.5.2 塔板设计

4.5.2.1 塔板布局

塔板是进行气液两相传质的场所。一般而言，塔板可划分为四个区域：① 有效传质区；② 溢流区；③ 安定区；④ 边缘区，阴影部分称为无效区，见图 4-14。

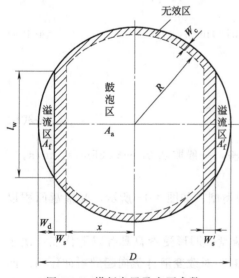

图 4-14 塔板布置及主要参数

(1) 有效传质区

有效传质区也称为鼓泡区。该区域内设有筛孔、浮阀。

气、液两相在有效传质区内接触传质，如图 4-9 或图 4-14 中虚线以内表示的区域。其中，单流型塔板有效传质面积 A_a 可通过下式计算

$$A_a = 2\left[x\sqrt{R^2 - x^2} + \frac{\pi}{180°}R^2 \sin^{-1}\left(\frac{x}{R}\right)\right]$$

(4-31)

式中，A_a 为有效传质面积，m^2；$R = D/2 - W_c$，m；$x = D/2 - (W_d + W_s)$，m；$\sin^{-1}(x/R)$ 为以角度表示的反正弦函数。

(2) 溢流区

溢流区面积包括降液管面积 A_f 和受液盘面积

A_f'。在垂直降液管的情况下，$A_\mathrm{f}=A_\mathrm{f}'$。

(3) 安定区

开孔区与溢流区之间的不开孔区域为安定区，分为入口安定区和出口安定区。其中，在液体入塔板处，入口安定区是一个宽度为 W_s 的狭长不开孔区域，其目的是防止气体进入降液管或因降液管流出的液流的冲击而造成漏液。靠近溢流堰处的一狭长不开孔区域，是为了确保液体在进入降液管前，有充足的时间将其中所含气体除去，其宽度为 W_s'，该区域称为出口安定区。

入口安定区的宽度可根据下列范围选择：

当塔径小于 1.5m 时，$W_\mathrm{s}=60\sim 75\mathrm{mm}$；

当塔径大于 1.5m 时，$W_\mathrm{s}=80\sim 110\mathrm{mm}$。

出口安定区的宽度 W_s' 的取值范围为 $50\sim 100\mathrm{mm}$。但对于直径小于 1m 的塔，由于塔板面积较小，W_s 可适当减小，塔径为 1m 以下时 $W_\mathrm{s}=25\sim 30\mathrm{mm}$。

(4) 边缘区

在靠塔壁处，因有支承装置，也设有不开孔的安装区，它的宽度 $W_\mathrm{c}=50\sim 100\mathrm{mm}$。

4.5.2.2 塔板的结构

塔板按结构特点，可分为整块式和分块式两类。直径在 800mm 以内的小塔采用整块式塔板；直径在 900mm 以上的大塔通常采用分块式塔板，以便通过人孔装拆塔板；直径在 800~900mm 之间时，可根据制造与安装具体情况任意选取一种结构。

(1) 整块式塔板

整块式塔板分为定距管式和重叠式两类。采用整块式塔板的塔体是由若干个塔节组成的，塔节之间用法兰连接。每个塔节中安装若干块塔板，塔板之间用管子支撑，并保持所规定的间距。塔节长度取决于塔径和塔板支承结构。当塔内径为 300~500mm 时，只能将手臂伸入塔节内进行塔板安装，此时塔节长度 L 以 800~1000mm 为宜。塔径为 600~700mm 时，已能将上身伸入塔内安装，塔节长度 L 可取 1200~1500mm。当塔径大于 800mm 时，人可进入塔内安装，塔节长度 L 以不超过 2000~2500mm 为宜。由于定距管支承结构受到拉杆长度和塔节内塔板数的限制，每个塔节内的塔板数不宜超过 5~6 块，否则会引起安装上的困难。

定距管式塔板是用定距管和拉杆将同一塔节内的几块塔板支撑并固定在塔节内的支承上，其结构见图 4-15。

重叠式塔板在第一节塔节下面焊有一组支承，底层塔板安装在支座上。然后依次装入上一层塔板，塔板间距由焊在塔板下的支柱保证，并用调节螺钉调节塔板的水平度，其结构见图 4-16。

(2) 分块式塔板

当塔径较大（≥800mm）时，由于刚度的要求，势必要增加塔板的厚度，在制造、安装和检修方面存在困难，塔径可满足人进入塔内进行安装、检修塔板的要求，此时，为了便于安装一般采用分块式塔板结构，塔体也不必分成若干塔节。

分块式塔板又可分为单流型塔板和双流型塔板。当塔径为 800~2400mm 时，可采用单流型塔板；塔径在 2400mm 以上时，常采用双流型塔板。此处只介绍单流型塔板。

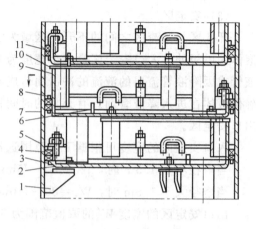
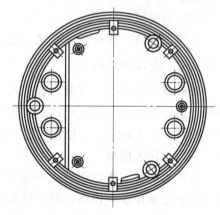
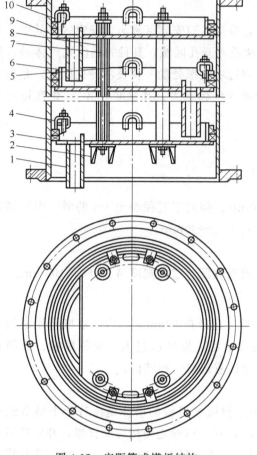

图 4-15 定距管式塔板结构
1—降液管；2—支座；3—密封填料；4—压紧装置；
5—吊耳；6—塔盘圈；7—拉杆；8—定距管；
9—塔盘板；10—压圈

图 4-16 重叠式塔板结构
1,9—支座；2—调节螺钉；3—圆钢圈；4—密封填料；
5—塔盘圈；6—溢流堰；7—塔盘板；8—压圈；
10—支承板；11—压紧装置

图 4-17 是单流型分块式塔板结构图。为了便于表达塔板的详细结构，其主视图的下层未装塔板，仅画出塔板固定件。俯视图上作了局部拆卸剖视，以便清晰地表示出塔板下面的塔板固定件。

对于单流塔板，塔板分块数如表 4-4 所示，其常用的分块方法如图 4-18 所示。

表 4-4 塔板分块数

塔径/mm	800~1200	1400~1600	1800~2000	2200~2400
分块数	3	4	5	6

塔板结构的设计应满足具有良好的刚性和便于拆卸的要求。塔板的结构形式分为三种，有平板式、槽式和自身梁式。由于自身梁式塔板结构能够满足这些要求，因而得到广泛的应用。

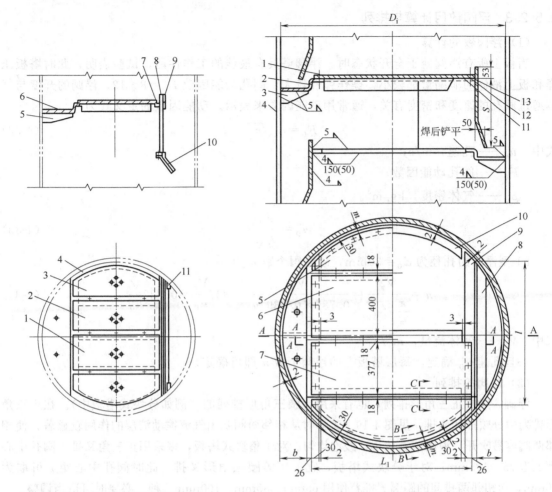

(a) 可调节堰、可拆降液板自身梁式塔板　　　　(b) 不可调节堰、不可拆降液板自身梁式塔板

1—通道板；2—矩形板；3—弓形板；4—支承圈；5—筋板；　　1—卡子；2—受液盘；3—筋板；4—塔体；5—弓形板；
6—受液盘；7—支承板；8—降液板；9—可调堰；　　　　　　6—通道板；7—矩形板；8，13—降液板；
10—可拆降液板；11—连接管　　　　　　　　　　　　　　9，12—支承板；10，11—连接管

图 4-17　单流型分块式塔板

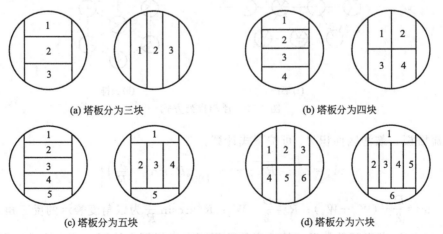

(a) 塔板分为三块　　　　　　　　(b) 塔板分为四块

(c) 塔板分为五块　　　　　　　　(d) 塔板分为六块

图 4-18　单流塔板分块示意图

第 4 章　板式塔设计

4.5.2.3 浮阀数目计算与排列

(1) 浮阀数的计算

当板上所有浮阀处于全开状态时，浮阀塔具有最佳的工作性能，试验表明，此时塔板压降和板上液体的泄漏量都较小，操作弹性较大，阀孔动能因数 $F_0=8\sim12$。浮阀的开度与气体通过阀孔的速度和密度有关，通常用动能因数来表示。动能因数的定义式为

$$F_0 = u_0 \sqrt{\rho_V} \tag{4-32}$$

式中　u_0——孔速，m/s；

　　　F_0——阀孔动能因数；

　　　ρ_V——气体密度，kg/m³。

$$u_0 = \frac{F_0}{\sqrt{\rho_V}} \tag{4-33}$$

F1 型浮阀的孔径为 $d_0=39\text{mm}$，故浮阀个数 n 为

$$n = \frac{V_s}{\frac{\pi}{4}d_0^2 u_0} = \frac{V_s}{0.785 \times 0.039^2 u_0} = 837\frac{V_s}{u_0} = 0.232\frac{V}{u_0} \tag{4-34}$$

式中　V_s——气体流量，m³/s。

一旦孔速 u_0 确定，每层塔板上的浮阀个数 n 即可确定。

(2) 浮阀的排列

浮阀一般按正三角形排列，也有采用等腰三角形排列的（例如分块式塔板中）。在正三角形排列中分顺排和叉排，见图 4-19。叉排时从相邻两阀吹出气流搅动液层的作用较显著，使相邻两阀容易吹开，液面落差较小，鼓泡均匀。对于整块式塔板，多采用正三角叉排，阀孔中心距 t 为 75~125mm；对于分块式塔板，宜采用等腰三角形叉排，此时阀孔中心距 t 可取为 75mm，而相邻两排间的距离 t' 推荐使用 65mm、80mm、100mm 三种，必要时可适当调整。

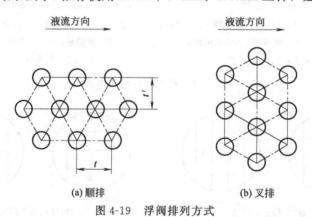

图 4-19　浮阀排列方式

对单流塔板，鼓泡区面积 A_a 可按下式计算。

$$A_a = 2\left[x\sqrt{R^2-x^2} + \frac{\pi}{180°}R^2 \sin^{-1}\left(\frac{x}{R}\right)\right]$$

式中，$x=\frac{D}{2}-(W_d+W_s)$；$R=\frac{D}{2}-W_c$；$R^2\arcsin\frac{x}{R}$ 为以角度表示的反三角函数值。

按式（4-34）求出阀孔数后，按选定的孔间距在坐标纸上绘图，准确地排出可在有效传

质区内布置的阀孔总数。如果该数值与计算值接近，则按实际排孔数重新计算出阀孔气速及动能因数；如果 F_0 仍在 8～11 范围内，则认为图中得到的阀孔数可以满足要求，否则应调整阀孔间距，重新作图。反复计算确定阀孔数后，应核算塔板的开孔率，常压塔或减压塔的开孔率范围为 10%～15%，而加压塔通常在 10% 以下。

4.5.2.4 筛孔数目计算与排列

① 孔中心距　相邻两筛孔中心的距离称为孔中心距，以 t 表示。一般情况下，筛孔在筛板上呈正三角形排列，其孔中心距 $t=(2.5\sim5)d_0$，推荐取 $t=(3\sim4)d_0$。

当 t/d_0 过小时，容易造成气流相互扰动；过大时，鼓泡不均匀，影响塔板的传质效率。

② 筛孔数 n　按三角形排列时，筛板上的筛孔数为

$$n=\frac{1158\times10^3}{t^2}A_a \tag{4-35}$$

式中　n——筛孔数；

t——孔中心距，mm；

A_a——筛板上开孔区的总面积，即鼓泡区的面积［计算方法见式（4-31）］，m^2。

③ 开孔率　筛板上筛孔的总面积与开孔区的总面积之比称为开孔率，以 φ 表示。筛孔按正三角形排列时可按下式计算

$$\varphi=\frac{A_0}{A_a}=\frac{0.907}{(t/d_0)^2} \tag{4-36}$$

式中　A_0——筛板上筛孔的总面积，m^2；

A_a——筛板上开孔区的总面积，m^2。

一般情况下，开孔率较大，塔板压降低，雾沫夹带量较少，但其操作弹性较小，漏液量较大，板效率较低，开孔率一般在 5%～15% 之间。

需要注意的是，当塔内上、下段负荷变化较大时，应根据流体力学验算情况，分段改变筛孔数，以提高全塔的操作稳定性。

4.5.3 塔板的流体力学验算

为了验证初步估算的塔径及各项工艺尺寸的合理性，以及塔是否能正常操作，需要对塔进行流体力学验算。如有不合理之处，则需对塔的相关参数进行调整，使之合理。

4.5.3.1 浮阀塔板流体力学校核

(1) 塔板压降 Δp_p

气体通过一层浮阀塔板的压降为

$$\Delta p_p=\Delta p_c+\Delta p_1+\Delta p_\sigma \tag{4-37}$$

式中　Δp_p——气体通过一层浮阀塔板的压降，Pa；

Δp_c——气体通过一层塔板的阀孔所产生的压降（又称干板压降），Pa；

Δp_1——气体通过板上液层的静压力所产生的压降，Pa；

Δp_σ——气体克服液体表面张力所产生的压降，Pa。

习惯上，常把压降以塔内液体的液柱高度表示。

$$h_p=h_c+h_1+h_\sigma \tag{4-38}$$

式中　h_p——与 Δp_p 相当的液柱高度，$h_p=\dfrac{\Delta p_p}{\rho_L g}$，m 液柱；

h_c——与 Δp_c 相当的液柱高度，$h_c=\dfrac{\Delta p_c}{\rho_L g}$，m 液柱；

h_1——与 Δp_1 相当的液柱高度，$h_1=\dfrac{\Delta p_1}{\rho_L g}$，m 液柱；

h_σ——与 Δp_σ 相当的液柱高度，$h_\sigma=\dfrac{\Delta p_\sigma}{\rho_L g}$，m 液柱。

① 干板阻力 h_c　实验结果表明，对 F1 型重阀，由下式求 h_c 较合理。

阀全开前（$u_0 \leqslant u_{0c}$）　　　　　$h_c = 19.9 \dfrac{u_0^{0.175}}{\rho_L}$ 　　　　　(4-39)

阀全开后（$u_0 \geqslant u_{0c}$）　　　　　$h_c = 5.34 \dfrac{u_0^2}{2g} \times \dfrac{\rho_V}{\rho_L}$ 　　　　　(4-40)

式中　u_0——阀孔实际气速，m/s；
　　　ρ_V——气体密度，kg/m³；
　　　ρ_L——液体密度，kg/m³；
　　　u_{0c}——临界孔速，是指板上所有浮阀刚好全部开启时，气体通过阀孔的气速。

计算 h_c 时，先将上两式联立，解出临界孔速，得

$$u_{0c} = \left(\dfrac{73.1}{\rho_V}\right)^{1/1.825}　　　　　(4-41)$$

若 $u_0 > u_{0c}$，则 h_c 按式 (4-40) 计算；若 $u_0 < u_{0c}$，则 h_c 按式 (4-39) 计算。

② 板上充气液层阻力 h_1　气体通过板上液层的阻力为

$$h_1 = \varepsilon_0 h_L = \varepsilon_0 (h_w + h_{0w})　　　　　(4-42)$$

式中　h_L——塔板上清液层高度，m；
　　　ε_0——充气系数。

充气系数反映了板上液层的充气程度，其取值范围通常在 0.5~0.6 之间。在液相为水溶液的情况下，$\varepsilon_0 = 0.5$；在液相为油的情况下，$\varepsilon_0 = 0.20$~0.35；在液相为烃类化合物的情况下，$\varepsilon_0 = 0.4$~0.5。也可以从图 4-20 查取。

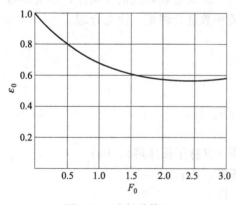

图 4-20　充气系数 ε_0

③ 克服表面张力所造成的阻力 h_σ　气体克服板上液体表面张力所造成的阻力可由下式计算

$$h_\sigma = \dfrac{2\sigma}{g\rho_L h}　　　　　(4-43)$$

式中　σ——液体表面张力，N/m；
　　　h——浮阀的开度，m；
　　　ρ_L——液相密度，kg/m³。

浮阀塔的 h_σ 值通常很小，常可忽略不计。

浮阀塔的压降一般大于筛板塔的压降。对常压塔和加压塔而言，每层浮阀塔板压降在 265~530Pa 之间，减压塔约为 200Pa。

(2) 雾沫夹带

雾沫夹带是指蒸气穿过塔板上的液层鼓泡并夹带一部分液体雾滴到上一层塔板的现象。雾沫夹带量（e_V）是当上升的气体通过塔板液层时所夹带的液滴量，以 kg 液/kg 汽表示。

e_V 过大，说明液相返混严重，塔板效率降低，严重时会发生夹带液泛现象。因此，在设计过程中应对 e_V 进行控制，通常 $e_V<0.1$ kg 液/kg 汽。

影响雾沫夹带的因素很多，其中，空塔气速和塔板间距对雾沫夹带影响较大。对浮阀塔而言，雾沫夹带量常用空塔气速与发生液泛时的空塔气速的比值表示，该值称为泛点百分率或泛点率，以 F_1 表示

$$F_1 = \frac{u}{u_F} \tag{4-44}$$

式中　u——操作时的空塔气速，m/s；

u_F——发生液泛时的空塔气速，m/s。

根据经验，若泛点率控制在下列范围内，可保证 $e_V<0.1$ kg 液/kg 汽。

大塔　　　　　　　　　　$F_1<80\%$

直径 <0.9m 塔　　　　　$F_1<70\%$

减压塔　　　　　　　　　$F_1<75\%$

泛点率可由下式计算

$$F_1 = \frac{V_s \sqrt{\dfrac{\rho_V}{\rho_L - \rho_V}} + 1.36 L_s Z_L}{K C_F A_b} \times 100\% \tag{4-45}$$

或

$$F_1 = \frac{V_s \sqrt{\dfrac{\rho_V}{\rho_L - \rho_V}}}{0.78 K C_F A_T} \times 100\% \tag{4-46}$$

式中　V_s、L_s——塔内液、气相流率，m³/s；

ρ_L、ρ_V——液体和气体密度，kg/m³；

A_b——板上液流面积，对单溢流，$A_b = A_T - 2A_f$，其中 A_T 为塔截面积，A_f 为降液管截面积，m²；

Z_L——板上液体流径长度，对单溢流，$Z_L = D - 2W_d$，其中 D 为塔径，W_d 为弓形降液管宽度，m；

C_F——泛点负荷因子，可由图 4-21 查取；

K——物性系数，由表 4-5 查取。

表 4-5　物性系数 K

系统	K	系统	K
无泡沫正常系统	1.0	多泡系统	0.73
氟化物	0.90	严重气泡	0.60
中等发泡	0.85	形成稳定泡沫	0.30

(3) 漏液

当上升气速逐渐减小至某值时，塔板将会发生漏液现象，对应的气速称为漏液点气速，记为 u_{0c}。在正常操作期间，塔的泄漏量应不超过液体流量的 10%。由经验可知，当阀孔的动能因数 F_0 达到 5～6 时，泄漏量接近 10%，故取 $F_0 = 5～6$ 作为控制泄漏量的操作下限，

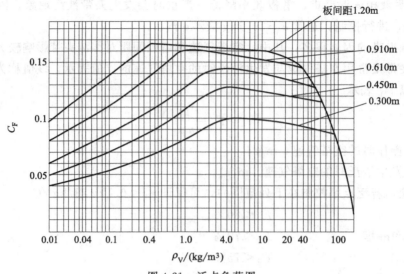

图 4-21 泛点负荷图

此时阀孔气速为漏液点气速。实际阀孔气速 u_0 与漏液点气速 u_{0c} 之比，称为稳定性系数 K_s，一般应使

$$K_s = \frac{u_0}{u_{0c}} > 1.5 \sim 2 \tag{4-47}$$

（4）降液管液泛

降液管液泛又称为溢流液泛，是指由于降液管通过能力的限制而引起的液泛。降液管内液层高度的作用是克服相邻两层塔板间的压降、板上清液层阻力以及液体流过降液管的阻力，故降液管内清液层高度可由下式计算

$$H_d = h_p + h_L + h_d \tag{4-48}$$

式中　H_d——降液管内清液层高度，m 液柱；

　　　h_p——气体通过一块塔板的压降，m 液柱；

　　　h_L——板上清液层高度，m 液柱；

　　　h_d——液体通过降液管压降，m 液柱。

为了避免降液管发生溢流液泛，应限制降液管内清液层高度

$$H_d \leqslant \phi(H_T + h_w) \tag{4-49}$$

式中，ϕ 为考虑降液管内充气及操作安全的校正系数。对一般的物系，取 $\phi = 0.5$；对易发泡物系，取 $\phi = 0.3 \sim 0.4$；对不易发泡物系，取 $\phi = 0.6 \sim 0.7$。

若塔板不设进口堰时，h_d 可按下式计算

$$h_d = 0.153 \left(\frac{L_s}{l_w h_0}\right)^2 = 0.153 u_0'^2 \tag{4-50}$$

若塔板设有进口堰时，h_d 可按下式计算

$$h_d = 0.2 \left(\frac{L_s}{l_w h_0}\right)^2 = 0.2 u_0'^2 \tag{4-51}$$

式中　L_s——液相体积流量，m^3/s；

l_w——堰长，m；
h_0——降液管底隙高度，m；
u'_0——液体流经降液管底隙的速度，m/s。

（5）液体在降液管中的停留时间

为了有足够的时间将溢流液中夹带的气体分离出来，从而避免发生过量的气泡夹带，液体在降液管中的停留时间按式（4-29）计算，要求停留时间 θ 一般不小于 $3\sim5s$。

4.5.3.2 浮阀塔板负荷性能图

在塔板参数确定后，塔板的气液负荷应在一个稳定的范围内，越出稳定区，塔的效率显著下降，甚至不能正常操作。所以，还应进一步揭示塔板的操作性能，求出维持塔正常操作所允许的气、液负荷操作范围，确定塔板的负荷性能图，如图4-22所示，其中横坐标为液相负荷 L_s，纵坐标为气相负荷 V_s。图中包括以下曲线。

（1）漏液线

漏液线又称为气相负荷下限线。取阀孔气相动能因数 $F_0=5\sim6$ 时，根据式（4-39）求出阀孔气速 u_0，再由阀孔总面积 A_0 求出气相负荷，$V_s=u_0 A_0$。此线为一水平线，以图4-22中曲线1表示。

如F1重阀，以阀孔气相动能因数 $F_0=5$ 作为控制漏液量的下限，则气相负荷下限线方程为

$$V_s=\frac{\pi}{4}d_0 n\frac{5}{\sqrt{\rho_V}} \quad (4-52)$$

式中 d_0——阀孔孔径，为0.039m；
n——浮阀数；
ρ_V——气相密度，kg/m³；
V_s——气相体积流量，m³/s。

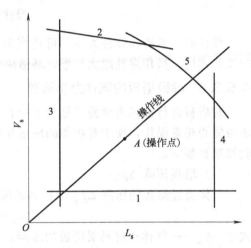

图4-22 浮阀塔的塔板负荷性能图
1—漏液线（气相负荷下限线）；2—雾沫夹带线（气相负荷上限线）；3—液相负荷下限线；4—液相负荷上限线；5—液泛线

（2）雾沫夹带线

雾沫夹带线又称为气相上限线。是在正常操作时，由气相中所夹带的最高含量的液沫而得出的一条曲线。在浮阀塔中，当 $e_V=0.1$ kg液/kg汽时，对应的泛点率为80%。由式（4-45），设 $F_1=80\%$，假设若干个 L_s，求得对应的 V_s，L_s-V_s 表示过量液沫夹带引起液泛的气、液相负荷的关系曲线，以图4-22中曲线2表示。

（3）液相负荷下限线

塔板上应有一定的液层高度，以方便气、液两相在板上接触传质。取堰上液层最低高度6mm，以此来确定液相负荷下限。由式（4-25），当 $h_{0w}=6$mm时的液相流量即为液相负荷的下限，在图4-22负荷性能图上以曲线3表示。

（4）液相负荷上限线

要使溢流管中的液体所夹带的气体在足够的时间内分离出来，液体在降液管中的停留时间不得小于 $3\sim5s$，由式（4-29），以 $\theta=5s$ 作为液体在降液管中的停留时间，求得的 L_s 即为液相负荷上限值 $(L_s)_{max}$，在图4-22负荷性能图上以曲线4表示。

(5) 液泛线

降液管内的液层高度达到上一层塔板的溢流堰板时将发生溢流液泛。因此对降液管中的液层高度作了限制。

在式 (4-49) 中，令 $H_d = \phi(H_T + h_w)$，联立式 (4-48)、式 (4-50) 可得

$$\phi(H_T + h_w) = h_p + h_L + h_d = h_c + h_l + h_\sigma + h_L + h_d = h_c + (\varepsilon_0 + 1)h_L + h_d$$

h_σ 较小可忽略不计，将式 (4-40)、式 (4-42)、式 (4-24)、式 (4-25)、式 (4-46) 代入上式，即可求出发生液泛时的气、液负荷关系，以曲线 5 表示。

于是，由漏液线、雾沫夹带线、液相负荷上限线、液相负荷下限线以及液泛线构成了塔的操作负荷性能图，见图 4-22。如图 4-22 所示，操作线 OA 与负荷性能图上各曲线内侧的 2 个交点分别表示塔的上、下操作极限，所对应的气相流量分别记为气相最大负荷 $V_{s,max}$ 与气相允许最低负荷 $V_{s,min}$，二者之比称为操作弹性，即

$$\text{操作弹性} = \frac{V_{s,max}}{V_{s,min}}$$

设计时，若操作弹性太小，可适当调整结构参数，使操作点 A 在适当位置，以提高塔的操作弹性。操作弹性越大的塔，其适应气（液）负荷变化的能力就越强。

4.5.3.3 筛板塔板的流体力学验算

对塔板进行流体力学验算是为了检验上述对塔径及各项工艺尺寸的初步计算是否合理，塔板能否正常操作，便于对相关的塔板参数进行必要的调整，最后绘制出塔板负荷性能图。验算项目如下。

(1) 塔板压降 Δp_p

气体流过筛板的压降 Δp_p 以相当的液柱高度 h_p 表示时可由下式计算

$$h_p = h_c + h_l + h_\sigma \tag{4-53}$$

式中　h_p——气体通过每层塔板的压降，m；
　　　h_c——气体通过筛板的干板压降，m；
　　　h_l——气体通过板上液层的压降，m；
　　　h_σ——克服液体表面张力的压降，m；

① 干板阻力 h_c

对于筛板推荐使用式 (4-54)

$$h_c = 0.051 \left(\frac{u_0}{C_0}\right)^2 \frac{\rho_V}{\rho_L} \tag{4-54}$$

式中　u_0——筛孔气速，m/s；
　　　C_0——流量系数，其值对干板的影响较大。

求取 C_0 的方法有多种，一般推荐采用图 4-23。

若孔径 ≥10mm 时，C_0 应乘以修正系数 β，即

$$h_c = 0.051 \left(\frac{u_0}{\beta C_0}\right)^2 \frac{\rho_V}{\rho_L} \tag{4-55}$$

式中　β——干筛孔流量系数的修正系数，通常取 1.15。

② 气体通过液层的阻力 h_l

$$h_l = \varepsilon_0 h_L = \varepsilon_0 (h_w + h_{0w}) \tag{4-56}$$

式中　ε_0——充气系数，其值可由图 4-24 查取，一般可近似取 ε_0 值为 0.5～0.6。

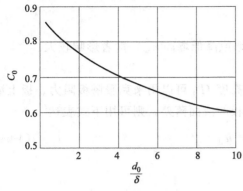

图 4-23 流量系数

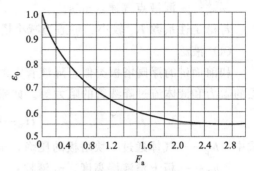

图 4-24 充气系数 ε_0 与 F_a 的关联图

图 4-24 中，F_a 为气相动能因数，其定义为

$$F_a = u_a \sqrt{\rho_V} \tag{4-57}$$

式中 u_a——按有效流通面积计算的气速，m/s。对单流塔板，u_a 依下式计算

$$u_a = \frac{V_s}{A_T - A_f} \tag{4-58}$$

式中 A_T、A_f——全塔横截面积和降液管的截面积，m^2。

③ 液体表面张力的阻力 h_σ

$$h_\sigma = \frac{4\sigma}{\rho_L g d_0} \tag{4-59}$$

式中 σ——液体的表面张力，N/m。

ρ_L——液体的密度，kg/m^3。

气体通过筛板的压降计算值（$\Delta p_p = h_p \rho_L g$）应低于设计允许值。

(2) 雾沫夹带量 e_V

为保持塔板的效率一定，应控制雾沫夹带量 e_V 小于 0.1kg 液/kg 汽。

计算雾沫夹带量的方法很多，对于筛板塔建议采用 Hunt 的经验式

$$e_V = \frac{5.7 \times 10^{-6}}{\sigma} \left(\frac{u_a}{H_T - h_f}\right)^{3.2} \tag{4-60}$$

式中 h_f——塔板上鼓泡层高度，可按泡沫层相对密度为 0.4 考虑，即 $h_f = h_L/0.4 = 2.5 h_L$。

(3) 漏液点气速 u_{0w}

气速减小至一定值时，塔板会出现明显的漏液现象，该气速称为漏液点气速 u_{0w}。如果气速不断减小，漏液变严重，筛板将无法积液，从而影响正常操作，故漏液点气速为筛板的气相下限气速。

漏液点气速通常由下式计算

$$u_{0w} = 4.4 C_0 \sqrt{(0.0056 + 0.13 h_L - h_\sigma) \rho_L / \rho_V} \tag{4-61}$$

当 $h_L < 30mm$ 或筛孔较小（$d_0 < 3mm$）时，用下式计算

$$u_{0w} = 4.4 C_0 \sqrt{(0.01 + 0.13 h_L - h_\sigma) \rho_L / \rho_V} \tag{4-62}$$

为使筛板具有足够的操作弹性，稳定性系数 K_s 应满足下面的关系

$$K_s = \frac{u_0}{u_{0w}} > 1.5 \sim 2.0 \tag{4-63}$$

式中 u_0——筛孔气速，m/s；

u_{0w}——漏液点气速，m/s。

若稳定性系数 K_s 较小，可适当减小塔板开孔率或降低堰高 h_w，前者影响较大。

(4) 液泛

和前面讲的浮阀塔板类似，降液管内的清液层高度 H_d 可以用来克服塔板阻力、板上液层的阻力和液体流过降液管的阻力等。如果忽略塔板的液面落差，则可用下式表达

$$H_d = h_p + h_L + h_d \tag{4-64}$$

式中 h_p——气体通过一块塔板的压降，m 液柱；

h_L——板上清液层高度，m 液柱；

h_d——液体通过降液管的压降，m 液柱。

若塔板上不设进口堰，h_d 可按如下经验式计算

$$h_d = 0.153 \left(\frac{L_s}{l_w h_0} \right)^2 = 0.153 u_0'^2 \tag{4-65}$$

塔板上设进口堰，则

$$h_d = 0.2 \left(\frac{L_s}{l_w h_0} \right)^2 = 0.2 u_0'^2 \tag{4-65a}$$

式中 u_0'——液体通过降液管底隙时的流速，m/s。

为了防止液泛，降液管内的清液层高度 H_d 应为

$$H_d \leqslant \phi (H_T + h_w) \tag{4-66}$$

式中 ϕ——校正系数，对一般物系 ϕ 取 0.5，对易起泡物系 ϕ 取 0.3～0.4，对不易发泡物系 ϕ 取 0.6～0.7。

经过以上各项流体力学验算，塔板的设计达到合格的要求后，还需要绘制出塔板的负荷性能图。

4.5.3.4 筛板塔板负荷性能图

对于有溢流的筛板而言，仍可按图 4-22 所示的界限曲线来表示负荷性能图。

(1) 漏液线

由式 (4-61) 或式 (4-62) 标绘对应的 V_s-L_s，画出漏液线。

(2) 雾沫夹带线

取极限值 $e_V = 0.1$ kg 液/kg 汽，由式 (4-60) 标绘对应的 V_s-L_s，画出雾沫夹带线。

(3) 液相负荷下限线

取堰上液层高度的最小允许值（$h_{0w} = 0.006$m），平堰由下式计算

$$0.006 = h_{0w} = 12.84 \times 10^{-3} E \left(\frac{3600 L_{s,\min}}{l_w} \right)^{2/3}$$

(4) 液相负荷上限线

取液相在降液管内停留时间最低允许值（3～5s），计算出最大液相负荷 $L_{s,\max}$（为常数），画出液相负荷上限线，即

$$L_{s,\max} = \frac{A_f H_T}{3 \sim 5}$$

(5) 液泛线

根据降液管内液层最大允许高度,结合式(4-53)、式(4-60)、式(4-65)、式(4-66)画出液泛线。

4.6 板式塔的结构

大多数塔的外壳采用钢板焊接而成。如果外壳采用铸铁铸造,则通常以每层塔板为一节,然后用法兰连接。图 4-25 为一个板式塔的总体结构简图,除了板式塔内部设有的塔板、降液管等,还包括各种物料的进出口及人孔(手孔)、除沫装置、支座等多种附属装置,有时外部还有扶梯平台。有时在塔体上还焊有保温材料的支承圈。为了便于检修,塔顶有时还装有可转动的吊柱。

一般情况下,除了最高一层、最低一层和进料层的结构不同外,其他层塔板的结构都是一样的。为了达到更好的除沫效果,最高一层塔板与塔顶的距离通常大于一般塔板间距。最低一层塔板与塔底需要较大的距离,目的是使塔底有足够的储液空间,以确保液体能有 3~5min 的停留时间,这样就不会造成塔底液体流空。大多数由塔外再沸器进来的蒸气直接通入塔底,塔底与再沸器之间有管路连接,有时会在塔釜中设置列管或蛇管型换热器,将釜内液体加热汽化。如果是直接蒸汽加热,则在釜的下部安装一个鼓泡管,直接接入加热蒸汽。

(1) 塔顶空间

塔顶空间为最上一层板与塔顶的间距。塔顶空间通常是塔板间距的 1.5~2.0 倍,以利于出塔气体夹带的液滴沉降。

(2) 塔底空间

塔底空间为最下一层塔板到塔底的间距,通常塔底液面至最下一层板之间要有 1~2m 的间距;同时,储存的液量停留 3~5min 以上。

(3) 人孔

一般每隔 6~8 板设一人孔,若需经常维护时,每隔 3~4 板设一人孔。设人孔的塔板间距一般大于 600mm,人孔直径一般为 450~500mm,伸出塔体长为 200~250mm,人孔中心距操作平台为 800~1200mm。

(4) 进料板间距

进料板间距也比一般塔板间距要大,可以取 800~1000mm。

(5) 裙座

裙座是塔设备的常用支承部件,有圆筒形和锥体形两种形式,考虑再沸器高度和安装,通常可取 3m 左右。

(6) 塔高

如图 4-26 所示,塔体总高度(不包括裙座和封头)由下式决定

$$H=H_1+H_D+(n-n_F-n_S-1)H_T+n_S H_S+n_F H_F+H_B+H_2 \qquad (4-67)$$

式中 H_1——封头高度,m;

H_2——裙座高度,m;

H_D——塔顶空间(不包括封头部分),m;

H_B——塔底空间（不包括底盖部分），m；
H_T——塔板间距，m；
H_S——开有人孔（或手孔）处塔板间距（图中未画出），m；
H_F——进料板处塔板间距，m；
n——实际塔板数；
n_F——进料板数；
n_S——人孔（或手孔）数（不包括塔顶空间和塔底空间的人孔）。

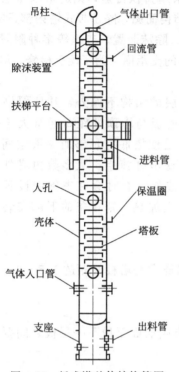

图 4-25 板式塔总体结构简图

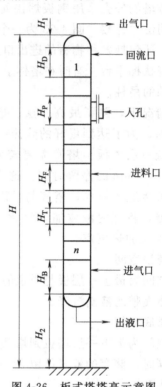

图 4-26 板式塔塔高示意图

4.7 附件及附属设备

完整的板式塔有很多附件和附属装置，如除沫器、人（手）孔、支座、吊柱、封头和连接法兰，以下主要介绍封头和连接法兰的设计选型。

产品冷凝器、蒸汽冷凝器、原料预热器、塔底再沸器、直接蒸汽泡管、物料输送管及泵等设备是精馏装置的主要附属设备。前四种设备本质上属于换热器，应用最广的是列管式换热器，管线和泵属输送装置。

4.7.1 附件

（1）封头

封头的公称直径必须与筒体的公称直径一致。椭圆形封头是一种常用于中低压容器的封头型式，可参考 GB/T 25198—2010《压力容器封头》进行选择。可以用封头的内表面积乘以名义厚度再乘以钢材的密度（约 7800kg/m²）来估算封头质量。

（2）法兰

法兰设计一般依据法兰标准。法兰有两种不同的标准体系，即压力容器法兰和管法兰。

我国常用的 JB/T 4701~4703 标准压力容器法兰共有 3 种类型：甲型平焊法兰、乙型平焊法兰和长颈对焊法兰，其中甲型、乙型平焊法兰都属于任意式法兰。法兰及其垫片、紧固件统称为法兰接头。

法兰接头是管法兰及其垫片以及紧固件的总称。法兰接头是一种广泛应用于化工工程设计的零部件，其涉及面极广。它既是在配管设计、管件阀门中不可或缺的零件，也是设备零部件（如人孔、手孔、液面计等）中必备的构件。

我国现有的管法兰标准有石油化工钢制管法兰标准 SH/T 3406—2013、国家标准 GB/T 9124.1—2019 等。

法兰设计步骤如下：

① 根据设计压力、操作温度和法兰材料决定法兰的公称压力 PN；
② 根据公称直径 DN、公称压力 PN 及介质特性决定法兰类型及密封面型式；
③ 根据温度、压力及介质腐蚀性选择垫片的材料；
④ 选择与法兰材料、垫片材料相匹配的螺柱和螺母材料。

选择的法兰应按照相应标准中的规定进行标记。

（3）接管直径

接管直径（包括塔的进料管、蒸汽接管、液流管的直径）可根据连续性方程求出

$$d = \sqrt{\frac{4V_s}{\pi u}}$$

式中 V_s——流体体积流量，m³/s；
    u——流体流速，m/s；
    d——管子直径，m。

根据公式计算出来之后，选择合适标准管，再根据标准管径和流量计算出流速，校核相应流体的流速是否在相应流体的适宜流速范围内。

加热蒸汽鼓泡管，又称蒸汽喷出器。如果精馏塔使用直接蒸汽加热，则需要在塔釜中设置一个开孔的蒸汽鼓泡管，以使塔内的受热蒸汽能均匀分布在釜液中，其结构为一环式蒸汽管，管子上适当地开一些小孔。孔径越小，气泡分布越均匀，但过小的孔径不仅增加阻力损失，而且易于堵塞。通常情况下，小孔直径为 5~10mm，孔距为孔径的 5~10 倍，小孔总面积为鼓泡管横截面积的 1.2~1.5 倍，管内蒸汽速度为 20~25m/s。为了确保蒸汽与溶液有足够的接触时间，加热蒸汽管至釜中液面的高度不小于 0.6 m。

（4）裙座

裙座分为圆形和圆锥形两类，如图 4-27 所示。由于圆形裙座制造简单，经济合理，所以一般情况下采用圆形裙座。对于受力情况比较差、塔的高径比（H/D）较大的情况，如 $H/D>25$，为防止弯矩造成塔倾倒，需要配置较多的地脚螺栓及具有足够大承载面积的基础环，在这种情况下只能采用圆锥形裙座。

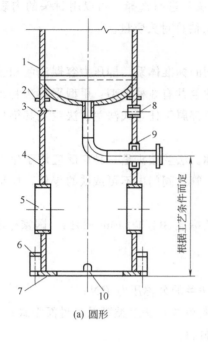 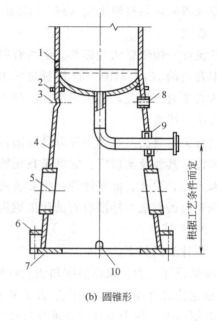

(a) 圆形　　　　　　　　　　　　(b) 圆锥形

图 4-27　裙座的结构

1—塔体；2—保温支承圈；3—无保温时排气孔；4—裙座筒体；5—人孔；6—螺栓座；
7—基础环；8—有保温时排气孔；9—引出管通道；10—排液孔

4.7.2　附属设备

4.7.2.1　塔顶冷凝器

(1) 冷凝器的类型

按冷凝器与塔的位置，可分为整体式、自流式和强制循环式。

① 整体式　如图4-28（a）、（b）所示，整体式是将冷凝器与精馏塔制成一体。该布局具有上升蒸汽压降较小、蒸汽分布均匀等优点，但其塔顶结构复杂，不便于维修，若需要阀门、流量计进行调节，则需要较大的位差，要增大塔顶板与冷凝器之间的距离，导致塔体过高。因此整体式常用于减压精馏或传热面较小的场合。

② 自流式　如图4-28（c）所示，自流式是将冷凝器装在靠近塔顶的台架上。这种布局需要通过改变台架的高度来获得回流和采出所需的位差。

③ 强制循环式　如图4-28（d）、（e）所示。当塔的处理量很大或塔板数很多时，若把冷凝器置于塔顶将造成安装、检修等诸多不便，且造价高，可将冷凝器置于塔下部适当位置，用泵向塔顶输送回流液，在冷凝器和泵之间需设回流罐，即为强制循环式。当冷凝器置于回流罐上方时，应保证回流罐中的液面与泵入口间的位差大于泵的汽蚀余量，若罐内液体温度接近沸点时，应使罐内液面比泵入口高出3m以上。也可将回流罐置于冷凝器的上方，冷凝液借压差流入回流罐中，这样便于维修，主要用于常压或加压蒸馏。

应予说明，由于卧式的冷凝液膜较薄，对流传热系数大，便于安装和维修，因此，在一般情况下，卧式冷凝器多被采用。

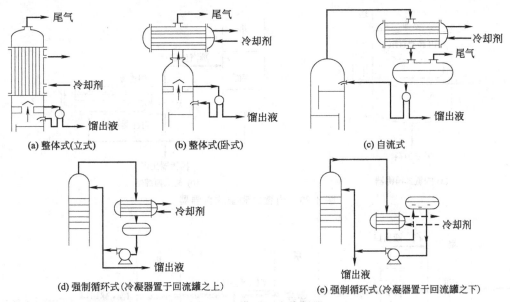

图 4-28 塔顶回流冷凝器

(2) 冷凝器的设计

冷凝器常用管壳式换热器,其设计工艺计算如下:

① 按工艺要求确定冷凝器的热负荷 Q_R,选择冷却剂及其进出口温度,计算出冷却剂用量;

② 根据平均温度差 Δt_m 和总传热系数 K(来源于经验数据),计算所需的传热面积 A,选择标准型号的冷凝器,或自行设计;

③ 计算所选或自行设计的换热器的实际传热面积和总传热系数 K,并进行压降和总传热系数校核。

值得注意的是,由于冷凝器在精馏过程中经常使用,考虑到精馏塔操作经常需要调整回流比,同时可能起到调节塔压的作用,应适当加大其面积裕度。

4.7.2.2 塔底再沸器

精馏塔底的再沸器可分为内置式再沸器(蒸馏釜)、釜式再沸器、热虹吸式再沸器及强制循环式再沸器。

① 内置式再沸器如图 4-29(a)所示,是直接将加热装置安装在塔底部,可采用夹套、蛇管或列管式加热器,小型蒸馏塔常用内置式再沸器。

② 釜式再沸器如图 4-29(b)所示,再沸器置于塔外,通常用于直径较大的塔,其管束可抽出,为保证管束浸于沸腾液中,管束末端设溢流堰,堰外空间为出料液的缓冲区,液面以上空间为汽液分离空间,一般汽液分离空间占再沸器总体积的 30% 以上。釜式再沸器的优点是汽化率高,可达 80% 以上。

③ 热虹吸式再沸器如图 4-30(a)和(b)所示。因热虹吸式再沸器(又称自然循环再沸器)中汽、液混合物的密度小于塔底液体的密度,利用密度差引起的静压差使液体自动从塔底流入再沸器。该形式再沸器汽化率不能超过 40%,否则会导致传热不良。

④ 强制循环式再沸器如图 4-31 所示。对于高黏度液体和热敏性气体宜用泵强制循环式再沸器,因流速大、停留时间短,便于控制和调节液体循环量。

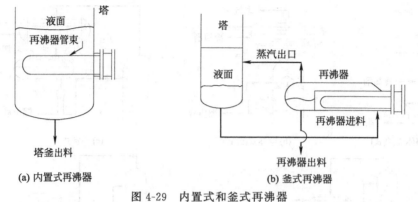

图 4-29 内置式和釜式再沸器

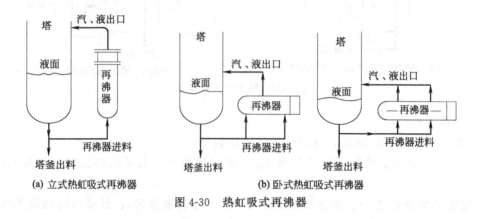

图 4-30 热虹吸式再沸器

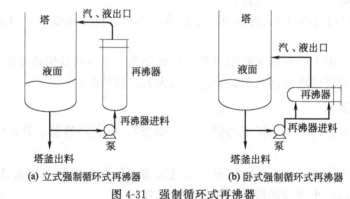

图 4-31 强制循环式再沸器

与塔顶冷凝器和塔底再沸器相比,原料预热器和产品冷却器的形式没有那样多的制约条件,可按传热原理计算。

再沸器采用管壳式热交换器时,其工艺设计与换热器设计的方法大同小异,具体可参照有关设计手册。

4.7.2.3 离心泵的选择

离心泵可按下面的方法和步骤进行选择。

(1) 确定输送系统的流量与压头

由生产任务确定液体的输送量,如果流量在一定范围内波动,选泵时应以最大流量来考虑。根据输送系统管路的安排，由伯努利方程计算在最大流量下管路所需的压头。

(2) 选择泵的类型与型号

首先应根据输送液体的性质和操作条件确定泵的类型，然后根据已确定的流量 q_e 和压头 H_e 选择合适的型号。显然，所选的泵提供的流量和压头不一定完全符合管路要求的流量 q_e 和压头 H_e，还要考虑操作条件的变化并备有一定的裕量，所选泵的流量和压头可稍大一点，但在该条件下对应泵的效率应比较高，即点 (q_e, H_e) 坐标位置应靠在泵的高效率范围所对应的 H-q 曲线下方。另外，在选择泵的型号之后，应列出该泵的各种性能参数。

(3) 核算泵的轴功率

若输送液体的密度大于水的密度时，可按下列公式核算泵的轴功率 P（kW）。

$$P = \frac{qH\rho}{102\eta} \tag{4-68}$$

式中　q——泵的流量，m^3/s；

　　　H——泵的压头，m；

　　　ρ——流体的密度，kg/m^3；

　　　η——离心泵的总效率。

4.8　板式塔设计示例

4.8.1　浮阀塔设计示例

【设计任务】

生产能力：年处理乙醇-水混合液 14 万吨（开工率 300d/a）。

原料：乙醇含量为 20%（质量分数，下同）的常温液体。

分离要求：塔顶乙醇含量不低于 95%。塔底乙醇含量不高于 0.2%。常压操作。

1. 精馏塔全塔物料衡算

F：进料量（kmol/s）　　x_F：原料组成（摩尔分数，下同）

D：塔顶产品流量（kmol/s）　　x_D：塔顶组成

W：塔底残液流量（kmol/s）　　x_W：塔底组成

原料乙醇组成：$x_F = \dfrac{20 \div 46}{20 \div 46 + 80 \div 18} = 8.91\%$

塔顶组成：$x_D = \dfrac{95 \div 46}{95 \div 46 + 5 \div 18} = 88.14\%$

塔底组成：$x_W = \dfrac{0.2 \div 46}{0.2 \div 46 + 99.8 \div 18} = 0.078\%$

进料量：$F = \dfrac{14 \times 10^4 \times 10^3 \times [0.2 \div 46 + (1-0.2) \div 18]}{300 \times 24 \times 3600} = 0.2635 \text{kmol/s}$

物料衡算式：$F = D + W$，$Fx_F = Dx_D + Wx_W$

联立代入求解：$D = 0.0264 \text{kmol/s}$，$W = 0.2371 \text{kmol/s}$

2. 精馏过程相关参数的计算

表 4-6　常压下乙醇-水汽液平衡组成（摩尔分数）与温度关系

温度/℃	液相组成 x/%	气相组成 y/%	温度/℃	液相组成 x/%	气相组成 y/%
100	0	0	81.5	32.73	59.26
95.5	1.90	17.00	80.7	39.65	61.22
89.0	7.21	38.91	79.8	50.79	65.64
86.7	9.66	43.75	79.7	51.98	65.99
85.3	12.38	47.04	79.3	57.32	68.41
84.1	16.61	50.89	78.74	67.63	73.85
82.7	23.37	54.45	78.41	74.72	78.15
82.3	26.08	55.80	78.15	89.43	89.43

（1）温度

根据表 4-6 中数据由插值法可求得 t_F、t_D、t_W。

t_F：$\dfrac{89.0-86.7}{7.21-9.66}=\dfrac{t_F-89.0}{8.91-7.21}$，$t_F=87.41$℃

t_D：$\dfrac{78.15-78.41}{89.43-74.72}=\dfrac{t_D-78.15}{88.14-89.43}$，$t_D=78.17$℃

t_W：$\dfrac{100-95.5}{0-1.90}=\dfrac{t_W-100}{0.078-0}$，$t_W=99.82$℃

精馏段平均温度：$\bar{t}_1=\dfrac{t_F+t_D}{2}=\dfrac{87.41+78.17}{2}=82.79$℃

提馏段平均温度：$\bar{t}_2=\dfrac{t_F+t_W}{2}=\dfrac{87.41+99.82}{2}=93.62$℃

（2）密度

混合液密度：$\dfrac{1}{\rho_L}=\dfrac{a_A}{\rho_A}+\dfrac{a_B}{\rho_B}$（$a$ 为质量分数）

混合气密度：$\rho_V=\dfrac{T_0 p \bar{M}}{22.4 T p_0}$（$\bar{M}$ 为平均分子量）

塔顶温度：$t_D=78.17$℃

气相组成 y_D：$\dfrac{78.41-78.15}{78.15-89.43}=\dfrac{78.17-78.15}{100 y_D-89.43}$，$y_D=88.56\%$（插值法求得，也可做出 t-x-y 图求解）

进料温度：$t_F=87.41$℃

气相组成 y_F：$\dfrac{89.0-86.7}{38.91-43.75}=\dfrac{89.0-87.41}{38.91-100 y_F}$，$y_F=42.26\%$

塔底温度：$t_W=99.82$℃

气相组成 y_W：$\dfrac{100-95.5}{0-17.00}=\dfrac{100-99.82}{0-100 y_W}$，$y_W=0.68\%$

① 精馏段

液相组成 x_1：$x_1=(x_D+x_F)/2$，$x_1=48.53\%$

气相组成 y_1：$y_1=(y_D+y_F)/2$，$y_1=65.41\%$

② 提馏段

液相组成 x_2：$x_2=(x_W+x_F)/2$，$x_2=4.49\%$

气相组成 y_2：$y_2=(y_W+y_F)/2$，$y_2=21.47\%$

表 4-7 不同温度下乙醇和水的密度

温度/℃	ρ_c/(kg/m³)	ρ_w/(kg/m³)	温度/℃	ρ_c/(kg/m³)	ρ_w/(kg/m³)
80	735	971.8	95	720	961.85
85	730	968.6	100	716	958.4
90	724	965.3			

由不同温度下乙醇和水的密度（表 4-7）求得在 t_F、t_D、t_W 下的乙醇和水的密度。

$t_F=87.41℃$，$\dfrac{90-85}{724-730}=\dfrac{90-87.41}{724-\rho_{cF}}$，$\rho_{cF}=727.11\text{kg/m}^3$

$\dfrac{90-85}{965.3-968.6}=\dfrac{90-87.41}{965.3-\rho_{wF}}$，$\rho_{wF}=967.01\text{kg/m}^3$

$\dfrac{1}{\rho_F}=\dfrac{0.2}{727.11}+\dfrac{1-0.2}{967.01}$，$\rho_F=907.15\text{kg/m}^3$

$t_D=78.17℃$，$\dfrac{90-85}{724-730}=\dfrac{90-78.17}{724-\rho_{cD}}$，$\rho_{cD}=738.20\text{kg/m}^3$

$\dfrac{90-85}{965.3-968.6}=\dfrac{90-78.17}{965.3-\rho_{wD}}$，$\rho_{wD}=973.10\text{kg/m}^3$

$\dfrac{1}{\rho_D}=\dfrac{0.95}{738.20}+\dfrac{1-0.95}{973.10}$，$\rho_D=747.22\text{kg/m}^3$

$t_W=99.82℃$，$\dfrac{90-85}{724-730}=\dfrac{90-99.82}{724-\rho_{cW}}$，$\rho_{cW}=712.22\text{kg/m}^3$

$\dfrac{90-85}{965.3-968.6}=\dfrac{90-99.82}{965.3-\rho_{wW}}$，$\rho_{wW}=958.82\text{kg/m}^3$

$\dfrac{1}{\rho_W}=\dfrac{0.002}{712.22}+\dfrac{1-0.002}{958.82}$，$\rho_W=958.16\text{kg/m}^3$

所以 $\rho_{L1}=\dfrac{\rho_F+\rho_D}{2}=\dfrac{907.15+747.22}{2}=827.19\text{kg/m}^3$

$\rho_{L2}=\dfrac{\rho_W+\rho_F}{2}=\dfrac{958.16+907.15}{2}=932.66\text{kg/m}^3$

$\overline{M}_{LD}=x_D\times46+(1-x_D)\times18=42.68\text{kg/kmol}$

$\overline{M}_{LF}=x_F\times46+(1-x_F)\times18=20.49\text{kg/kmol}$

$\overline{M}_{LW}=x_W\times46+(1-x_W)\times18=18.02\text{kg/kmol}$

$\overline{M}_{L1}=\dfrac{\overline{M}_{LD}+\overline{M}_{LF}}{2}=\dfrac{42.68+20.49}{2}=31.59\text{kg/kmol}$（精馏段）

$$\overline{M}_{L2} = \frac{\overline{M}_{LW} + \overline{M}_{LF}}{2} = \frac{18.02 + 20.49}{2} = 19.26 \text{kg/kmol} \text{（精馏段）}$$

$$\overline{M}_{VD} = y_D \times 46 + (1 - y_D) \times 18 = 42.80 \text{kg/kmol}$$

$$\overline{M}_{VF} = y_F \times 46 + (1 - y_F) \times 18 = 29.83 \text{kg/kmol}$$

$$\overline{M}_{VW} = y_W \times 46 + (1 - y_W) \times 18 = 18.19 \text{kg/kmol}$$

$$\overline{M}_{V1} = \frac{\overline{M}_{VD} + \overline{M}_{VF}}{2} = \frac{42.80 + 29.83}{2} = 36.32 \text{kg/kmol} \text{（提馏段）}$$

$$\overline{M}_{V2} = \frac{\overline{M}_{VW} + \overline{M}_{VF}}{2} = \frac{18.19 + 29.83}{2} = 24.01 \text{kg/kmol} \text{（提馏段）}$$

$$\rho_{VF} = \frac{29.83 \times 273.15}{22.4 \times (273.15 + 87.41)} = 1.01 \text{kg/m}^3$$

$$\rho_{VD} = \frac{42.80 \times 273.15}{22.4 \times (273.15 + 78.17)} = 1.49 \text{kg/m}^3$$

$$\rho_{VW} = \frac{18.19 \times 273.15}{22.4 \times (273.15 + 99.82)} = 0.59 \text{kg/m}^3$$

$$\rho_{V1} = \frac{1.01 + 1.49}{2} = 1.25 \text{kg/m}^3$$

$$\rho_{V2} = \frac{1.01 + 0.59}{2} = 0.80 \text{kg/m}^3$$

(3) 混合液体表面张力

二元有机物-水溶液表面张力可用下列公式计算

$$\sigma_m^{1/4} = \varphi_{sw} \sigma_w^{1/4} + \varphi_{so} \sigma_o^{1/4}$$

$$\sigma_w = \frac{x_w V_w}{x_w V_w + x_o V_o}, \quad \sigma_o = \frac{x_o V_o}{x_w V_w + x_o V_o}, \quad \varphi_{sw} = \frac{x_{sw} V_w}{V_s}, \quad \varphi_{so} = \frac{x_{so} V_o}{V_s}, \quad B = \lg\left(\frac{\varphi_w^2}{\varphi_o}\right),$$

$$Q = 0.441 \times \frac{q}{T}\left(\frac{\sigma_o V_o^{2/3}}{q} - \sigma_w V_w^{2/3}\right), \quad A = B + Q, \quad A = \lg\left(\frac{\varphi_{sw}^2}{\varphi_{so}}\right), \quad \varphi_{sw} + \varphi_{so} = 1$$

式中　w、o、s——水、有机物、表面；

　　　x_w、x_o——主体部分的分子数；

　　　V_w、V_o——主体部分的分子体积；

　　　σ_w、σ_o——纯水、有机物的表面张力。

对乙醇 $q = 2$。

$$V_{cD} = \frac{m_c}{\rho_{cD}} = \frac{46}{738.20} = 62.31 \text{mL}, \quad V_{cW} = \frac{m_c}{\rho_{cW}} = \frac{46}{712.22} = 64.59 \text{mL}$$

$$V_{cF} = \frac{m_c}{\rho_{cF}} = \frac{46}{727.11} = 63.26 \text{mL}, \quad V_{wF} = \frac{m_w}{\rho_{wF}} = \frac{18}{967.01} = 18.61 \text{mL}$$

$$V_{wD} = \frac{m_w}{\rho_{wD}} = \frac{18}{973.10} = 18.50 \text{mL}, \quad V_{wW} = \frac{m_w}{\rho_{wW}} = \frac{18}{958.82} = 18.77 \text{mL}$$

表 4-8　不同温度下乙醇和水的表面张力

温度/℃	乙醇表面张力/(mN/m)	水表面张力/(mN/m)
70	18	64.3
80	17.15	62.6
90	16.2	60.7
100	15.2	58.8

由不同温度下乙醇和水的表面张力（表 4-8）求得在 t_F、t_D、t_W 下的乙醇和水的表面张力：

乙醇表面张力：$\dfrac{90-80}{90-87.41}=\dfrac{16.2-17.15}{16.2-\sigma_{cF}}$，$\sigma_{cF}=16.45\text{mN/m}$

$\dfrac{80-70}{80-78.17}=\dfrac{17.15-18}{17.15-\sigma_{cD}}$，$\sigma_{cD}=17.31\text{mN/m}$

$\dfrac{100-90}{100-99.82}=\dfrac{15.2-16.2}{15.2-\sigma_{cW}}$，$\sigma_{cW}=15.22\text{mN/m}$

水表面张力：$\dfrac{90-80}{90-87.41}=\dfrac{60.7-62.6}{60.7-\sigma_{wF}}$，$\sigma_{wF}=61.19\text{mN/m}$

$\dfrac{80-70}{80-78.17}=\dfrac{62.6-64.3}{62.6-\sigma_{wD}}$，$\sigma_{wD}=62.91\text{mN/m}$

$\dfrac{100-90}{100-99.82}=\dfrac{58.8-60.7}{58.8-\sigma_{wW}}$，$\sigma_{wW}=58.83\text{mN/m}$

塔顶表面张力：
$$\dfrac{\varphi_{wD}^2}{\varphi_{cD}}=\dfrac{[(1-x_D)V_{wD}]^2}{x_D V_{cD}[(1-x_D)V_{wD}+x_D V_{cD}]}$$

$$=\dfrac{[(1-0.8814)\times 18.50]^2}{0.8814\times 62.31\times[(1-0.8814)\times 18.50+0.8814\times 62.31]}=0.0015$$

$$B=\lg\left(\dfrac{\varphi_{wD}^2}{\varphi_{cD}}\right)=\lg 0.0015=-2.8239$$

$$Q=0.441\times\dfrac{q}{T}\times\left(\dfrac{\sigma_{cD}V_{cD}^{2/3}}{q}-\sigma_{wD}V_{wD}^{2/3}\right)$$

$$=0.441\times\dfrac{2}{273.15+78.17}\times\left(\dfrac{17.31\times 62.31^{2/3}}{2}-62.91\times 18.50^{2/3}\right)$$

$$=-0.7632$$

$$A=B+Q=-2.8239-0.7632=-3.5871$$

联立方程组　　$A=\lg\left(\dfrac{\varphi_{swD}^2}{\varphi_{scD}}\right)$，$\varphi_{swD}+\varphi_{scD}=1$

代入求得　　$\varphi_{swD}=0.016$，$\varphi_{scD}=0.984$

$\sigma_D^{1/4}=0.016\times 62.91^{1/4}+0.984\times 17.31^{1/4}$，$\sigma_D=17.73\text{mN/m}$

原料表面张力：
$$\dfrac{\varphi_{wF}^2}{\varphi_{cF}}=\dfrac{[(1-x_F)V_{wF}]^2}{x_F V_{cF}[(1-x_F)V_{wF}+x_F V_{cF}]}$$

$$=\dfrac{[(1-0.0891)\times 18.61]^2}{0.0891\times 63.26\times[(1-0.0891)\times 18.61+0.0891\times 63.26]}=2.257$$

$$B = \lg\left(\frac{\varphi_{wF}^2}{\varphi_{cF}}\right) = \lg 2.257 = 0.3535$$

$$Q = 0.441 \times \frac{q}{T} \times \left(\frac{\sigma_{cF} V_{cF}^{2/3}}{q} - \sigma_{wF} V_{wF}^{2/3}\right)$$

$$= 0.441 \times \frac{2}{273.15 + 87.41} \times \left(\frac{16.45 \times 63.26^{2/3}}{2} - 61.19 \times 18.61^{2/3}\right) = -0.7317$$

$$A = B + Q = 0.3535 - 0.7317 = -0.3782$$

联立方程组 $\quad A = \lg\left(\dfrac{\varphi_{swF}^2}{\varphi_{scF}}\right), \varphi_{swF} + \varphi_{scF} = 1$

代入求得 $\quad \varphi_{swF} = 0.471, \varphi_{scF} = 0.529$

$$\sigma_F^{1/4} = 0.471 \times 61.19^{1/4} + 0.529 \times 16.45^{1/4}, \sigma_F = 32.19 \text{mN/m}$$

塔底表面张力：$\dfrac{\varphi_{wW}^2}{\varphi_{cW}} = \dfrac{[(1-x_W)V_{wW}]^2}{x_W V_{cW}[(1-x_W)V_{wW} + x_W V_{cW}]}$

$$= \frac{[(1-0.00078) \times 18.77]^2}{0.00078 \times 64.59 \times [(1-0.00078) \times 18.77 + 0.00078 \times 64.59]} = 371.28$$

$$B = \lg\left(\frac{\varphi_{wW}^2}{\varphi_{cW}}\right) = \lg 371.28 = 2.570$$

$$Q = 0.441 \times \frac{q}{T} \times \left(\frac{\sigma_{cW} V_{cW}^{2/3}}{q} - \sigma_{wW} V_{wW}^{2/3}\right)$$

$$= 0.441 \times \frac{2}{273.15 + 99.82} \times \left(\frac{15.22 \times 64.59^{2/3}}{2} - 58.83 \times 18.77^{2/3}\right) = -0.693$$

$$A = B + Q = 2.570 - 0.693 = 1.877$$

联立方程组 $\quad A = \lg\left(\dfrac{\varphi_{swW}^2}{\varphi_{scW}}\right), \varphi_{swW} + \varphi_{scW} = 1$

代入求得 $\quad \varphi_{swW} = 0.987, \varphi_{scW} = 0.013$

$$\sigma_W^{1/4} = 0.987 \times 58.83^{1/4} + 0.013 \times 15.22^{1/4}, \sigma_W = 58.03 \text{mN/m}$$

精馏段的平均表面张力：$\sigma_1 = (\sigma_F + \sigma_D)/2 = 24.96 \text{mN/m}$

提馏段的平均表面张力：$\sigma_2 = (\sigma_F + \sigma_W)/2 = 45.11 \text{mN/m}$

(4) 混合物的黏度

$\bar{t}_1 = 82.79℃$，查表得 $\mu_{水} = 0.3439 \text{mPa·s}$，$\mu_{醇} = 0.433 \text{mPa·s}$。

$\bar{t}_2 = 93.62℃$，查表得 $\mu'_{水} = 0.298 \text{mPa·s}$，$\mu'_{醇} = 0.381 \text{mPa·s}$。

精馏段黏度：$\mu_{L1} = \mu_{醇} x_1 + \mu_{水}(1-x_1)$

$$= 0.433 \times 0.4853 + 0.3439 \times (1-0.4853) = 0.3871 \text{mPa·s}$$

提馏段黏度：$\mu_{L2} = \mu'_{醇} x_2 + \mu'_{水}(1-x_2)$

$$= 0.381 \times 0.0449 + 0.298 \times (1-0.0449) = 0.3017 \text{mPa·s}$$

(5) 相对挥发度

由 $x_F = 0.0891$，$y_F = 0.4226$，得 $\alpha_F = \dfrac{\dfrac{0.4226}{0.0891}}{\dfrac{1-0.4226}{1-0.0891}} = 7.48$

由 $x_D = 0.8814$，$y_D = 0.8856$，得 $\alpha_D = \dfrac{\dfrac{0.8856}{0.8814}}{\dfrac{1-0.8856}{1-0.8814}} = 1.04$

由 $x_W = 0.00078$，$y_W = 0.0068$，得 $\alpha_W = \dfrac{\dfrac{0.0068}{0.00078}}{\dfrac{1-0.0068}{1-0.00078}} = 8.77$

精馏段的平均相对挥发度：$\alpha_1 = \dfrac{7.48+1.04}{2} = 4.26$

提馏段的平均相对挥发度：$\alpha_2 = \dfrac{7.48+8.77}{2} = 8.13$

(6) 气液相体积流量

根据 x-y 图查图计算，或由解析法计算求得：$R_{min} = 2.713$

取 $R = 1.5 R_{min} = 1.5 \times 2.713 = 4.07$

① 精馏段 $\quad L = RD = 4.07 \times 0.0264 = 0.107\,\text{kmol/s}$

$\qquad V = (R+1)D = (4.07+1) \times 0.0264 = 0.134\,\text{kmol/s}$

已知 $\overline{M}_{L1} = 31.59\,\text{kg/kmol}$，$\overline{M}_{V1} = 36.32\,\text{kg/kmol}$，$\rho_{L1} = 827.19\,\text{kg/m}^3$，$\rho_{V1} = 1.25\,\text{kg/m}^3$，则：

质量流量：$L_1 = \overline{M}_{L1} L = 31.59 \times 0.107 = 3.380\,\text{kg/s}$

$\qquad V_1 = \overline{M}_{V1} V = 36.32 \times 0.134 = 4.87\,\text{kg/s}$

体积流量：$L_{s1} = \dfrac{L_1}{\rho_{L1}} = \dfrac{3.380}{827.19} = 4.09 \times 10^{-3}\,\text{m}^3/\text{s}$

$\qquad V_{s1} = \dfrac{V_1}{\rho_{V1}} = \dfrac{4.87}{1.25} = 3.90\,\text{m}^3/\text{s}$

② 提馏段　因本设计为饱和液体进料，所以 $q = 1$。

$\qquad L' = L + qF = 0.107 + 1 \times 0.2635 = 0.3705\,\text{kmol/s}$

$\qquad V' = V + (q-1)F = 0.134\,\text{kmol/s}$

已知 $\overline{M}_{L2} = 19.26\,\text{kg/kmol}$，$\overline{M}_{V2} = 24.01\,\text{kg/kmol}$，$\rho_{L2} = 932.66\,\text{kg/m}^3$，$\rho_{V2} = 0.80\,\text{kg/m}^3$，则：

质量流量：$L_2 = \overline{M}_{L2} L' = 19.26 \times 0.3705 = 7.14\,\text{kg/s}$

$\qquad V_2 = \overline{M}_{V2} V' = 24.01 \times 0.134 = 3.22\,\text{kg/s}$

体积流量：$L_{s2} = \dfrac{L_2}{\rho_{L2}} = \dfrac{7.14}{932.66} = 7.66 \times 10^{-3}\,\text{m}^3/\text{s}$

$\qquad V_{s2} = \dfrac{V_2}{\rho_{V2}} = \dfrac{3.22}{0.80} = 4.03\,\text{m}^3/\text{s}$

3. 理论板的计算

离开理论板的气液两相平衡，而且塔板上液相组成均匀。

理论板的计算方法：可采用逐板计算法、图解法，在本设计中采用图解法。

根据 1.01325×10^5 Pa 下乙醇-水的气液平衡组成可绘出平衡曲线，即 x-y 曲线图。泡点进料，所以 $q=1$，即 q 为一直线。平衡曲线具有下凹部分，操作线尚未落到平衡线，已与平衡线相切（图略）。$x_q=0.0891$，$y_q=0.3025$，所以 $R_{\min}=2.713$，操作回流比 $R=1.5R_{\min}=1.5\times 2.713=4.07$。

精馏段操作线方程：$y_{n+1}=\dfrac{R}{R+1}x_n+\dfrac{x_D}{R+1}=0.803x_n+0.174$

提馏段操作线方程：$y_{n+1}=\dfrac{L+qF}{L+qF-W}x_m-\dfrac{Wx_W}{L+qF-W}=2.777x_m-0.00139$

在图上作操作线，由点（0.8814，0.8814）起在平衡线与精馏段操作线间画阶梯，过精馏段操作线与 q 线交点，直到阶梯与平衡线的交点小于 0.00078 为止，由此得到理论板 $N_T=26$ 块（包括再沸器），加料板为第 24 块理论板。

板效率与塔板结构、操作条件、物质的物理性质及流体力学性质有关，它反映了实际塔板上传质过程进行的程度。板效率可用奥康奈尔公式计算

$$E_T = 0.49(\alpha\mu_L)^{-0.245}$$

式中　α——塔顶与塔底平均温度下的相对挥发度；

　　　μ_L——塔顶与塔底平均温度下的液相黏度，mPa·s。

（1）精馏段

已知：$\alpha=4.26$，$\mu_{L1}=0.3871$ mPa·s，所以

$$E_T=0.49\times(4.26\times 0.3871)^{-0.245}=0.43,\ N_{P精}=\dfrac{N_T}{E_T}=\dfrac{23}{0.43}=53\ 块$$

（2）提馏段

已知：$\alpha'=8.13$，$\mu_{L2}=0.3017$ mPa·s，所以

$$E_T'=0.49\times(8.13\times 0.3017)^{-0.245}=0.39,\ N_{P提}=\dfrac{N_T'}{E_T'}=\dfrac{3-1}{0.39}=5\ 块$$

全塔所需实际塔板数：$N_P=N_{P精}+N_{P提}=53+5=58$ 块

全塔效率：$E_T=\dfrac{N_T}{N_P}\times 100\%=\dfrac{26-1}{58}\times 100\%=43.1\%$

加料板位置在第 54 块塔板。

4. 塔径计算

（1）精馏段

由 $u=$（安全系数）$u_{\max}$，安全系数 $=0.6\sim 0.8$，$u_{\max}=\sqrt{\dfrac{\rho_L-\rho_V}{\rho_V}}$，式中 C 可由史密斯关联图查出。

横坐标数值：$\dfrac{L_{s1}}{V_{s1}}\times\left(\dfrac{\rho_{L1}}{\rho_{V1}}\right)^{1/2}=\dfrac{4.09\times 10^{-3}}{3.90}\times\left(\dfrac{827.19}{1.25}\right)^{1/2}=0.027$

取塔板间距：$H_T=0.45$ m，$h_L=0.07$ m，则 $H_T-h_L=0.38$ m

查图可知 $C_{20}=0.076$，$C=C_{20}\left(\dfrac{\sigma_1}{20}\right)^{0.2}=0.076\times\left(\dfrac{24.96}{20}\right)^{0.2}=0.08$

$$u_{max}=0.08\times\sqrt{\frac{827.19-1.25}{1.25}}=2.06\text{m/s}$$

$$u_1=0.7u_{max}=0.7\times2.06=1.44\text{m/s}$$

$$D_1=\sqrt{\frac{4V_{s1}}{\pi u_1}}=\sqrt{\frac{4\times3.90}{3.14\times1.44}}=1.86\text{m}$$

圆整：$D_1=2\text{m}$；横截面积：$A_T=0.785\times2^2=3.14\text{m}^2$；空塔气速：$u_1'=\frac{3.90}{3.14}=1.24\text{m/s}$。

(2) 提馏段

横坐标数值：$\frac{L_{s2}}{V_{s2}}\times\left(\frac{\rho_{L2}}{\rho_{V2}}\right)^{1/2}=\frac{7.66\times10^{-3}}{4.03}\times\left(\frac{932.66}{0.80}\right)^{1/2}=0.065$

取塔板间距：$H_T'=0.45\text{m}$，$h_L'=0.07\text{m}$，则 $H_T'-h_L'=0.38\text{m}$

查图可知 $C_{20}=0.076$，$C=C_{20}\left(\frac{\sigma_2}{20}\right)^{0.2}=0.076\times\left(\frac{45.11}{20}\right)^{0.2}=0.089$

$$u_{max}=0.089\times\sqrt{\frac{932.66-0.80}{0.80}}=3.04\text{m/s}$$

$$u_2=0.7u_{max}=0.7\times3.04=2.13\text{m/s}$$

$$D_2=\sqrt{\frac{4V_{s2}}{\pi u_2}}=\sqrt{\frac{4\times4.03}{3.14\times2.13}}=1.55\text{m}$$

圆整：$D_2=2\text{m}$；横截面积：$A_T'=0.785\times2^2=3.14\text{m}^2$；空塔气速：$u_2'=\frac{4.03}{3.14}=1.28\text{m/s}$。

5. 溢流装置

(1) 堰长 l_w

取 $l_w=0.65D=0.65\times2=1.3\text{m}$

出口堰高：本设计采用平直堰，堰上液层高度 h_{0w} 按下式计算

$$h_{0w}=\frac{2.84}{1000}E\left(\frac{L_h}{l_w}\right)^{2/3}\quad(近似取 E=1)$$

① 精馏段

$$h_{0w}=\frac{2.84}{1000}\times\left(\frac{3600\times4.09\times10^{-3}}{1.3}\right)^{2/3}=0.014\text{m}$$

$$h_w=h_L-h_{0w}=0.07-0.014=0.056\text{m}$$

② 提馏段

$$h_{0w}'=\frac{2.84}{1000}\times\left(\frac{3600\times7.66\times10^{-3}}{1.3}\right)^{2/3}=0.022\text{m}$$

$$h_w'=h_L'-h_{0w}'=0.07-0.022=0.048\text{m}$$

(2) 方形降液管的宽度和横截面

查图得 $\frac{A_f}{A_T}=0.0721$，$\frac{W_d}{D}=0.124$，则

$$A_f = 0.0721 \times 3.14 = 0.226 \text{m}^2, \quad W_d = 0.124 \times 2 = 0.248 \text{m}$$

验算降液管内停留时间

① 精馏段 $\quad \theta = \dfrac{A_f H_T}{L_{s1}} = \dfrac{0.226 \times 0.45}{4.09 \times 10^{-3}} = 24.87 \text{s}$

② 提馏段 $\quad \theta' = \dfrac{A_f H_T'}{L_{s2}} = \dfrac{0.226 \times 0.45}{7.66 \times 10^{-3}} = 13.28 \text{s}$

停留时间 $\theta > 5\text{s}$，故降液管可使用。

(3) 降液管底隙高度

① 精馏段

取降液管底隙的流速 $u_0 = 0.13 \text{m/s}$，则 $h_0 = \dfrac{L_{s1}}{l_w u_0} = \dfrac{4.09 \times 10^{-3}}{1.3 \times 0.13} = 0.024 \text{m}$

② 提馏段

取 $u_0' = 0.13 \text{m/s}$，则 $h_0' = \dfrac{L_{s2}}{l_w u_0'} = \dfrac{7.66 \times 10^{-3}}{1.3 \times 0.13} = 0.045 \text{m}$

6. 塔板分布、浮阀数目与排列

(1) 塔板分布

本设计塔径 $D = 2.0 \text{m}$，采用分块式塔板，以便通过人孔装拆塔板。

(2) 浮阀数目与排列

① 精馏段

取阀孔动能因子 $F_0 = 12$，则孔速 u_{01} 为

$$u_{01} = \dfrac{F_0}{\sqrt{\rho_{V1}}} = \dfrac{12}{\sqrt{1.25}} = 10.73 \text{m/s}$$

每层塔板上浮阀数目为

$$N = \dfrac{V_{s1}}{\dfrac{\pi}{4} d_0^2 u_{01}} = \dfrac{3.90 \times 4}{\pi \times 0.039^2 \times 10.73} = 304 \text{个}$$

取边缘区宽度 $W_c = 0.06 \text{m}$，破沫区宽度 $W_s = 0.10 \text{m}$。

计算塔板上的鼓泡区面积，即

$$A_a = 2 \left[x \sqrt{R^2 - x^2} + \dfrac{\pi}{180°} R^2 \sin^{-1}\left(\dfrac{x}{R}\right) \right]$$

其中 $\quad R = \dfrac{D}{2} - W_c = \dfrac{2}{2} - 0.06 = 0.94 \text{m}$

$$x = \dfrac{D}{2} - (W_d + W_s) = \dfrac{2}{2} - (0.248 + 0.10) = 0.652 \text{m}$$

所以 $A_a = 2 \times \left[0.652 \times \sqrt{0.94^2 - 0.652^2} + \dfrac{3.14}{180°} \times 0.94^2 \times \sin^{-1}\left(\dfrac{0.652}{0.94}\right) \right] = 2.24 \text{m}^2$

浮阀排列方式采用等腰三角形叉排，取同一个横排的孔心距 $t = 75 \text{mm}$。

排间距 $\quad t' = \dfrac{A_a}{N_t} = \dfrac{2.24}{304 \times 0.075} = 0.098 \text{m} = 98 \text{mm}$

考虑到塔的直径较大,必须采用分块式塔板,而各分块的支撑与衔接也要占去一部分鼓泡区面积,因此排间距不宜采用98mm,而应采用更小的排间距。按 $t=75$mm, $t'=90$mm,以等腰三角形叉排方式作图,排出阀数316个。

按 $N=316$ 重新核算孔速及阀孔动能因子

$$u'_{01}=\frac{3.90\times 4}{\pi\times 0.039^2\times 316}=10.34\text{m/s}$$

$$F'_{01}=10.34\times\sqrt{1.25}=11.56$$

阀孔动能因子变化不大,仍在8~12范围内。

$$\text{塔板开孔率}=\frac{u'_1}{u'_{01}}=\frac{1.24}{10.34}\times 100\%=11.99\%$$

② 提馏段

取阀孔动能因子 $F_0=12$,则孔速 $u_{02}=\dfrac{F_0}{\sqrt{\rho_{V_2}}}=\dfrac{12}{\sqrt{0.80}}=13.42$m/s

每层塔板上浮阀数目为 $N'=\dfrac{V_{s2}}{\dfrac{\pi}{4}d_0^2 u_{02}}=\dfrac{4.03\times 4}{\pi\times 0.039^2\times 13.42}=252$ 个

按 $t=75$mm,估算排间距 $t'=\dfrac{2.24}{252\times 0.075}=0.119m=119$mm

取 $t'=80$mm,排得阀数为280个。

按 $N=280$ 重新核算孔速及阀孔动能因子

$$u'_{02}=\frac{4.03\times 4}{\pi\times 0.039^2\times 280}=12.05\text{m/s}$$

$$F'_{02}=12.05\times\sqrt{0.80}=10.78$$

阀孔动能因子变化不大,仍在8~12范围内。

$$\text{塔板开孔率}=\frac{u'_2}{u'_{02}}=\frac{1.28}{12.05}\times 100\%=10.62\%$$

7. 塔板的流体力学验算

(1) 气相通过浮阀塔板的压降

可根据 $h_p=h_c+h_l+h_\sigma$, $\Delta p_p=h_p\rho_L g$ 计算。

① 精馏段

干板阻力

$$u_{0c1}=\sqrt[1.825]{\frac{73.1}{\rho_{V1}}}=\sqrt[1.825]{\frac{73.1}{1.25}}=9.29\text{m/s}$$

因 $u_{01}>u_{0c1}$,故 $h_{c1}=5.34\times\dfrac{\rho_{V1}u_{01}^2}{2\rho_{L1}g}=5.34\times\dfrac{1.25\times 10.73^2}{2\times 827.19\times 9.8}=0.05$m

板上充气液层阻力

取 $\varepsilon_0=0.5$, $h_L=0.07$m,则 $h_1=\varepsilon_0 h_L=0.5\times 0.07=0.035$m

液体表面张力所造成的阻力

此阻力很小,可忽略不计,因此与气体流经塔板的压降相当的液柱高度为

$$h_{p1}=0.05+0.035=0.085\text{m}$$
$$\Delta p_{p1}=h_{p1}\rho_{L1}g=0.085\times827.19\times9.8=689.05\text{Pa}$$

② 提馏段
干板阻力
$$u_{0c2}=1.825\sqrt{\frac{73.1}{\rho_{V2}}}=1.825\sqrt{\frac{73.1}{0.80}}=11.87\text{m/s}$$

因 $u_{02}>u_{0c2}$，故 $h_{c2}=5.34\times\dfrac{\rho_{V2}u_{02}^2}{2\rho_{L2}g}=5.34\times\dfrac{0.80\times13.42^2}{2\times932.66\times9.8}=0.042\text{m}$

板上充气液层阻力
取 $\varepsilon_0=0.5$，$h_L=0.07\text{m}$，则 $h_{l2}=\varepsilon_0 h_L=0.5\times0.07=0.035\text{m}$

液体表面张力所造成的阻力
此阻力很小，可忽略不计，因此与气体流经塔板的压降相当的液柱高度为
$$h_{p2}=0.042+0.035=0.077\text{m}$$
$$\Delta p_{p2}=h_{p2}\rho_{L2}g=0.077\times932.66\times9.8=703.79\text{Pa}$$

(2) 淹塔
为了防止淹塔现象发生，要求控制降液管中清液高度 $H_d\leq\Phi(H_T+h_w)$，即 $H_d=h_p+h_L+h_d$

① 精馏段
单层气体通过塔板的压降相当的液柱高度 $h_{p1}=0.085\text{m}$。
液体通过降液管的压头损失
$$h_{d1}=0.153\left(\frac{L_{s1}}{l_w h_0}\right)^2=0.153\times\left(\frac{4.09\times10^{-3}}{1.3\times0.024}\right)^2=0.0026\text{m}$$

板上液层高度
$h_L=0.07\text{m}$，则 $H_{d1}=0.085+0.0026+0.07=0.1576\text{m}$
取 $\Phi=0.5$，已选定 $H_T=0.45\text{m}$，$h_w=0.056\text{m}$，则
$$\Phi(H_T+h_w)_1=0.5\times(0.45+0.056)=0.253\text{m}$$

可见 $H_{d1}<\Phi(H_T+h_w)_1$，所以符合防止淹塔的要求。

② 提馏段
单层气体通过塔板的压降相当的液柱高度 $h_{p2}=0.077\text{m}$。
液体通过降液管的压头损失
$$h_{d2}=0.153\left(\frac{L_{s2}}{l_w h_0'}\right)^2=0.153\times\left(\frac{7.66\times10^{-3}}{1.3\times0.045}\right)^2=0.0026\text{m}$$

板上液层高度
$h_L=0.07\text{m}$，则 $H_{d2}=0.077+0.0026+0.07=0.1496\text{m}$
取 $\Phi=0.5$，已选定 $H_T'=0.45\text{m}$，$h_w'=0.048\text{m}$，则
$$\Phi(H_T+h_w)_2=0.5\times(0.45+0.048)=0.249\text{m}$$

可见 $H_{d2}<\Phi(H_T+h_w)_2$，所以符合防止淹塔的要求。

(3) 雾沫夹带

① 精馏段

$$\text{泛点率} = \frac{V_{s1}\sqrt{\dfrac{\rho_{V1}}{\rho_{L1}-\rho_{V1}}} + 1.36 L_{s1} Z_L}{KC_F A_b} \times 100\%$$

板上液体流经长度：$Z_L = D - 2W_d = 2 - 2 \times 0.248 = 1.504 \text{m}$

板上液流面积：$A_b = A_T - 2A_f = 3.14 - 2 \times 0.226 = 2.688 \text{m}^2$

取物性系数 $K=1.0$，泛点负荷系数 $C_F = 0.103$

$$\text{泛点率} = \frac{3.90\sqrt{\dfrac{1.25}{827.19-1.25}} + 1.36 \times 4.09 \times 10^{-3} \times 1.504}{1.0 \times 0.103 \times 2.688} = 57.92\%$$

对大型塔设备，为了避免过量雾沫夹带，应将泛点率控制在80%以内，由上述计算可知，雾沫夹带可以满足要求。

② 提馏段

取系数 $K=1.0$，泛点负荷系数 $C_F = 0.101$。

$$\text{泛点率} = \frac{3.90\sqrt{\dfrac{0.8}{932.66-0.80}} + 1.36 \times 7.66 \times 10^{-3} \times 1.504}{1.0 \times 0.101 \times 2.688} = 49.24\%$$

由以上计算可知，符合要求。

(4) 塔板负荷性能图

① 雾沫夹带线

$$\text{泛点率} = \frac{V_s\sqrt{\dfrac{\rho_V}{\rho_L-\rho_V}} + 1.36 L_s Z_L}{KC_F A_b} \times 100\%$$

据此可作出负荷性能图中的雾沫夹带线。按泛点率80%计算。

精馏段

$$0.8 = \frac{V_s\sqrt{\dfrac{1.25}{827.19-1.25}} + 1.36 \times 1.504 L_s}{1.0 \times 0.103 \times 2.688}$$

整理得：$0.221 = 0.0389 V_s + 2.045 L_s$，即 $V_s = 5.68 - 52.57 L_s$。

由上式知雾沫夹带线为直线，则在操作范围内任取两个 L_s 值，可算出 V_s。

提馏段

$$0.8 = \frac{V_s'\sqrt{\dfrac{0.8}{932.66-0.80}} + 1.36 \times 1.504 L_s'}{1.0 \times 0.101 \times 2.688}$$

整理得：$0.217 = 0.0293 V_s' + 2.045 L_s'$，即 $V_s' = 7.41 - 69.80 L_s'$。

在操作范围内，任取若干个 L_s' 值，算出相应的 V_s' 值，见表4-9。

表 4-9 计算结果（一）

精馏段		提馏段	
$L_s/(m^3/s)$	$V_s/(m^3/s)$	$L_s'/(m^3/s)$	$V_s'/(m^3/s)$
0.002	5.57	0.002	7.27
0.001	5.15	0.01	6.71

② 液泛线

$$\Phi(H_T+h_w)=h_p+h_L+h_d=h_c+h_l+h_\sigma+h_L+h_d$$

由此确定液泛线，忽略式中 h_σ

$$\Phi(H_T+h_w)=5.34\times\frac{\rho_V u_0^2}{2\rho_L g}+0.153\times\left(\frac{L_s}{l_w h_0}\right)^2+(1+\varepsilon_0)\left[h_w+\frac{2.84}{100}E\left(\frac{3600L_s}{l_w}\right)^{2/3}\right]$$

而

$$u_0=\frac{V_s}{\frac{\pi}{4}d_0^2 N}$$

精馏段

$$0.253=5.34\times\frac{1.25V_{s1}^2}{0.785^2\times316^2\times0.039^4\times827.19\times2\times9.8}+$$
$$157.16L_{s1}^2+1.5\times(0.056+0.56L_{s1}^{2/3})$$

整理得：$V_{s1}^2=58.27-54193.10L_{s1}^2-289.66L_{s1}^{2/3}$

提馏段

$$0.249=5.34\times\frac{0.80V_{s2}^2}{0.785^2\times280^2\times0.039^4\times932.66\times2\times9.8}+44.71L_{s2}^2+0.072+0.84L_{s2}^{2/3}$$

整理得：$V_{s2}^2=84.69-21392.34L_{s2}^2-401.91L_{s2}^{2/3}$

在操作范围内，任取若干个 L_s 值，算出相应的 V_s 值，见表 4-10。

表 4-10 计算结果（二）

精馏段		提馏段	
$L_{s1}/(m^3/s)$	$V_{s1}/(m^3/s)$	$L_{s2}/(m^3/s)$	$V_{s2}/(m^3/s)$
0.001	7.44	0.001	8.98
0.003	7.20	0.003	8.74
0.004	7.08	0.004	8.50
0.007	6.71	0.007	8.22

③ 液相负荷上限线

液体在降液管内的停留时间 $\theta=\dfrac{A_f H_T}{L_s}=3\sim 5\text{s}$

以 $\theta=5\text{s}$ 作为液体在降液管内停留时间的下限，则

$$(L_s)_{max}=\frac{A_f H_T}{5}=\frac{0.226\times 0.45}{L_s}=0.02\text{m}^3/\text{s}$$

④ 漏液线

对于 F1 型重阀，以 $F_0=5$ 作为规定气体最小负荷的标准，则 $V_s=\frac{\pi}{4}d_0^2 N u_0$

精馏段 $(V_{s1})_{min}=\frac{\pi}{4}\times 0.039^2\times 316\times\frac{5}{\sqrt{1.25}}=1.69 m^3/s$

提馏段 $(V_{s2})_{min}=\frac{\pi}{4}\times 0.039^2\times 280\times\frac{5}{\sqrt{0.8}}=1.88 m^3/s$

⑤ 液相负荷下限线

取堰上液层高度 $h_{0w}=0.006m$ 作为液相负荷下限条件，画出液相负荷下限线，该线为与气相流量无关的竖直线。

$$\frac{2.84}{1000}E\left[\frac{3600(L_s)_{min}}{l_w}\right]^{2/3}=0.006$$

取 $E=1.0$，则 $(L_s)_{min}=\left(\frac{0.006\times 1000}{2.84\times 1}\right)^{\frac{3}{2}}\frac{l_w}{3600}=0.001 m^3/s$

由以上结果画出塔板负荷性能图（图略）。

由塔板负荷性能图可看出：在任务规定的气液负荷下，操作点（设计点）处在操作区内的适中位置；塔板的气相负荷上限完全由雾沫夹带控制，操作下限由漏液控制；按固定的液气比，由图可查出塔板的气相负荷上限 $(V_s)_{max}=5.79(7.54)m^3/s$，气相负荷下限 $(V_s)_{min}=1.8(2.1)m^3/s$。

所以：精馏段操作弹性 $=\frac{5.79}{3.90}=1.5$，提馏段操作弹性 $=\frac{7.54}{4.03}=1.9$。浮阀塔工艺设计计算结果见表 4-11。

表 4-11 浮阀塔工艺设计计算结果

项目	符号	单位	计算数据		备注
			精馏段	提馏段	
塔径	D	m	2	2	
塔板间距	H_T	m	0.45	0.45	
塔板类型			单溢流弓形降液管		分块式塔板
空塔气速	u	m/s	1.24	1.28	
堰长	l_w	m	1.3	1.3	
堰高	h_w	m	0.056	0.048	
板上液层高度	h_L	m	0.07	0.07	
降液管底隙高	h_0	m	0.024	0.045	
浮阀数	N		316	280	等腰三角形叉排
阀孔气速	u_0	m/s	10.73	13.42	
浮阀动能因子	F_0		11.56	10.78	
临界阀孔气速	u_{0c}	m/s	9.29	11.87	
孔心距	t	m	0.075	0.075	同一横排孔心距

项目	符号	单位	计算数据 精馏段	计算数据 提馏段	备注
排间距	t'	m	0.098	0.119	相邻横排中心距离
单板压降	Δp_p	Pa	689.05	703.79	
降液管内清液层高度	H_d	m	0.1576	0.1496	
泛点率		%	57.92	49.24	
气相负荷上限	$(V_s)_{max}$	m³/s	5.79	7.54	
气相负荷下限	$(V_s)_{min}$	m³/s	1.8	2.1	雾沫夹带控制
操作弹性			1.5	1.9	漏液控制

8. 塔附件设计

(1) 接管计算与选择

① 进料管

进料管有多种结构类型，有直管进料管、弯管进料管、T形进料管。本设计采用直管进料管。管径计算如下

$$D=\sqrt{\frac{4V_s}{\pi u_F}}, 取 u_F=1.6 \text{m/s}, \rho_L=907.15 \text{kg/m}^3$$

$$V_s=\frac{1.4\times10^7}{3600\times300\times24\times907.15}=0.0060 \text{m}^3/\text{s}$$

$$D=\sqrt{\frac{4\times0.0060}{3.14\times1.6}}=0.069\text{m}=69\text{mm}$$

查无缝钢管规格（GB 8163—2018）选取 $\phi 76\text{mm}\times4\text{mm}$。

② 回流管

采用直管回流管，取 $u_R=1.6\text{m/s}$

$$d_R=\sqrt{\frac{4\times\frac{3.38}{747.22}}{3.14\times1.6}}=0.060\text{m}=60\text{mm}$$

查无缝钢管规格（GB 8163—2018）选取 $\phi 73\text{mm}\times6\text{mm}$。

③ 塔底出料管

取 $u_w=1.6\text{m/s}$，直管出料

$$d_R=\sqrt{\frac{4\times\frac{0.2371\times18.02}{958.16}}{3.14\times1.6}}=0.060\text{m}=60\text{mm}$$

查无缝钢管规格（GB 8163—2018）选取 $\phi 73\text{mm}\times6\text{mm}$。

④ 塔顶蒸气出料管

直管出气，取出口气速 $u=20\text{m/s}$，则

$$D=\sqrt{\frac{4\times3.90}{3.14\times20}}=0.498\text{m}=498\text{mm}$$

查无缝钢管规格（GB 8163—2018）选取 $\phi 530mm \times 9mm$。

⑤ 塔底进气管

采用直管，取气速 $u=23m/s$，则

$$D=\sqrt{\frac{4\times 4.03}{3.14\times 23}}=0.472m=472mm$$

查无缝钢管规格（GB 8163—2018）选取 $\phi 530mm \times 9mm$。

可根据所选的管子内径，计算出实际流体的流速，验算是否在常用流速范围。

(2) 法兰的选择

由于常压操作，所有法兰均采用标准管法兰、平焊法兰，由不同的公称直径选用相应法兰。

进料管接管法兰：PN 2.5 DN 65 GB/T 9124.1—2019
回流管接管法兰：PN 2.5 DN 65 GB/T 9124.1—2019
塔底出料管法兰：PN 2.5 DN 65 GB/T 9124.1—2019

(3) 筒体

$$\delta=\frac{1.05\times 6\times 2000}{2\times 1250\times 0.9}+0.2=5.8mm$$

壁厚选 6mm，所用材质为 A_3。

(4) 封头

封头分为椭圆形封头、蝶形封头等几种，本设计采用椭圆形封头，由公称直径 $D_g=2000mm$，查得曲面高度 $h_1=500mm$，直边高度 $h_0=40mm$，内表面积 $F_封=4493m^2$，容积 $V_封=1.126m^3$。选用封头 $D_g 2000\times 8$，GB/T 21598—2010。

(5) 除沫器

在空塔气速较大，塔顶带液现象严重，以及工艺过程中不允许出塔气流夹带雾滴的情况下，设置除沫器，以减少液体夹带损失，确保气体纯度，保证后续设备的正常操作。本设计采用丝网除沫器，其具有比表面积大、质量轻、空隙大及使用方便等优点。

设计气速选取

$$u=K'\sqrt{\frac{\rho_L-\rho_V}{\rho_V}}\ (系数\ K'=0.107)$$

$$u=0.107\times\sqrt{\frac{827.19-1.25}{1.25}}=2.75m/s$$

除沫器直径 $$D=\sqrt{\frac{4V_s}{\pi u}}=\sqrt{\frac{4\times 3.90}{3.14\times 2.75}}=1.34m$$

选择的除沫器类型：标准型；规格：40～100；材料：不锈钢丝网（1Cr18Ni9Ti）；丝网尺寸：圆丝 $\phi 0.23mm$。

(6) 裙座

塔底常用裙座支撑，裙座的结构性能好，连续处产生的局部阻力小，所以它是塔设备的主要支座形式，为了制作方便，一般采用圆筒形。由于裙座内径＞800mm，故裙座壁厚取 16mm。

基础环内径：$D_{bi}=(2000+2\times16)-(0.2\sim0.4)\times10^3=1632$mm

基础环外径：$D_{bo}=(2000+2\times16)+(0.2\sim0.4)\times10^3=2432$mm

圆整：$D_{bi}=1800$mm，$D_{bo}=2600$mm；基础环厚度，考虑到腐蚀裕量取18mm；考虑到再沸器，裙座高度取3m，地角螺栓直径取M30。

(7) 吊柱

对于较高的室外无框架的整体塔，在塔顶设置吊柱，对于补充和更换填料、安装和拆卸内件，既经济又方便，一般15m以上的塔设吊柱，本设计中塔高度大，因此设吊柱。因设计塔径$D=2000$mm，可选用吊柱500kg。$s=1000$mm，$L=3400$mm，$H=1000$mm。材料为A_3。

(8) 人孔

人孔是安装或维修人员进出塔的通道，人孔的设置应方便进入任何一层塔板，由于设置人孔处的塔板间距较大，且人孔过多会使制造时塔体的弯曲度难以达到要求，一般每隔10~20块塔板才设一个人孔，本塔中共58块板，需设置5个人孔，每个孔直径为450mm，在设置人孔处，塔板间距为600mm，裙座上应开2个人孔，直径为450mm，人孔伸入塔内部应与塔内壁修平，其边缘需倒棱和磨圆，人孔法兰的密封面形状及垫片用材一般与塔的接管法兰相同，本设计也是如此。

9. 塔体高度

(1) 塔顶部空间高度

塔的顶部空间高度是指塔顶第一层塔盘到塔顶封头的直线距离，取除沫器到第一块板的距离为600mm，塔顶部空间高度为1200mm。

(2) 塔底部空间高度

塔的底部空间高度是指塔底最末一层塔盘到塔底下封头切线的距离，釜液停留时间取5min。

$$H_B=\frac{tL_s'\times60-R_V}{A_T}+(0.5\sim0.7)=\frac{5\times7.66\times10^{-3}\times60-0.142}{3.14}+0.6=1.29\text{m}$$

(3) 全塔高度

$$H_1=H_T N+5\times150=450\times(60-1)+5\times150=27359\text{mm}=27.4\text{m}$$

$$H=H_1+H_B+H_{裙}+H_{封}+H_{顶}=27.4+1.29+3+0.49+1.2=33.38\text{m}$$

10. 附属设备

(1) 冷凝器

有机物蒸气冷凝器设计选用的总传热系数一般范围为500~1500kcal/(m²·h·℃)。本设计取$K=700$kcal/(m²·h·℃)=2926J/(m²·h·℃)。

出料液温度：78℃（饱和气）→78℃（饱和液）

冷却水温度：20℃→35℃

逆流操作：$\Delta t_1=58$℃，$\Delta t_2=43$℃，$\Delta t_m=\dfrac{\Delta t_1-\Delta t_2}{\ln\dfrac{\Delta t_1}{\Delta t_2}}=\dfrac{58-43}{\ln\dfrac{58}{43}}=50.30$℃

传热面积：根据全塔热量衡算，得$Q=3360.375$kJ/h。

$$A=\frac{Q}{K\Delta t_m}=\frac{3360.375\times10^3}{2926\times50.3}=22.83\text{m}^2$$

设备型号：G500I-16-40。

(2) 再沸器

选用120℃饱和水蒸气加热，传热系数取 $K=2926J/(m^2 \cdot h \cdot ℃)$。

料液温度：99.815℃→100℃

水蒸气温度：120℃→120℃

逆流操作：$\Delta t'_1 = 20℃$，$\Delta t'_2 = 20.185℃$，$\Delta t_m = \dfrac{\Delta t'_1 - \Delta t'_2}{\ln \dfrac{\Delta t'_1}{\Delta t'_2}} = \dfrac{20-20.185}{\ln \dfrac{20}{20.185}} = 20.1℃$

换热面积：根据全塔热量衡算，得 $Q' = 2150.64 kJ/h$。

$$A' = \frac{Q'}{K \Delta t_m} = \frac{2150.64 \times 10^3}{2926 \times 20.1} = 36.57 m^2$$

设备型号：G·CH800-6-7。

4.8.2 筛板塔设计示例

扫封底二维码查阅。

第 5 章
填料塔设计

　　板式塔和填料塔是工业上广泛使用的气液传质设备，在吸收、蒸馏和液-液萃取等单元操作中均可采用。传统上，当处理量大时多采用板式塔，处理量小时多采用填料塔。但是，随着填料结构和性能的改进，既有效提高了填料塔的通过和分离能力，又降低了压降、提高了操作稳定性，因此，填料塔的应用越来越广泛，甚至替代了某些传统领域的板式塔。在吸收操作中，填料塔以其生产能力大、分离效率高、压降小、操作弹性大和持液量小等优点而被广泛应用。

　　吸收是利用气体混合物中各组分在某种液体溶剂中溶解度的差异来分离该气体混合物的单元操作。当气体混合物与液体溶剂接触时，混合物中溶解度大的组分大部分进入液相形成溶液，而溶解度小或几乎不溶解的组分则留在气相中，从而使气体混合物得以分离。

　　在化学工业中，经常应用吸收操作来分离气体混合物，以达到两方面的目的：一是回收或捕获气体混合物中的有用物质，以制取产品；二是除去气体中的有害成分，使气体净化，以便进一步加工处理，或除去工业废气中的有害物质以免污染大气。实际生产中，往往兼有净化与回收的双重目的。因此，吸收在化学工业、石油化工及废气处理等部门得到广泛的应用。

　　工业生产中最常见的吸收过程通常包括吸收和解吸两个部分，一般在填料塔中进行。因此，设计时，若以分离或净化气体为目的，需要同时考虑吸收与解吸的设计，并进行合理的流程布置。填料塔工艺设计的主要内容是在合理的工艺条件下，通过设计计算，选用合理的填料、适当的吸收剂及其用量，并确定填料塔的工艺尺寸，以满足生产需要。主要设计过程包括如下步骤：

　　①确定工艺流程；②选择合适的吸收剂；③确定物系的气液平衡关系；④确定吸收剂的用量；⑤选择合适的填料类型及规格；⑥计算泛点气速与塔径；⑦校核填料规格与喷淋量；⑧计算塔高；⑨计算塔内流体阻力；⑩设计与选择填料塔附属装置；⑪动力消耗及主要附属设备的计算与选型。

　　主要工艺计算流程如图 5-1 所示。本章将对各部分进行详细介绍。

5.1　填料塔的结构

　　填料塔是以塔内的填料作为气液两相间接触构件的传质设备。填料塔的典型结构示意图如图 5-2 所示。一般是竖直的圆筒形外壳，上下加端盖，塔体上有气、液进出口接管，底部

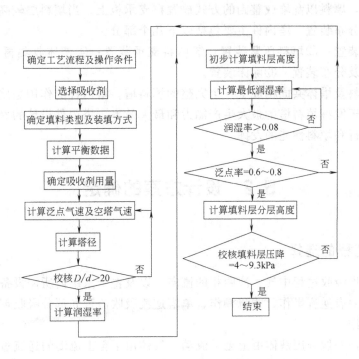

图 5-1　主要工艺计算流程图

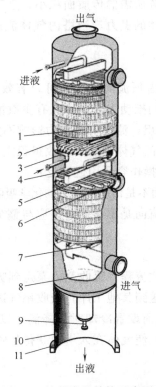

图 5-2　填料塔的结构示意图

1—填料；2—支承板；3—液体收集器；4—排放孔；5—液体再分布器；6—填料压栅；
7—支承栅；8—塔底；9—到再沸器的循环管；10—裙座；11—底座圈

装有填料支承板，填料以乱堆或整砌的方式放置在支承板上。当填料层较高时，需要进行分段，中间设置再分布装置。塔内件主要包括以下几个部分：①液体分布装置；②填料压紧装置；③填料支承装置；④液体收集再分布及进出料装置；⑤气体进料及分布装置；⑥除沫装置。

塔内件、填料及塔体共同构成了一个完整的填料塔。塔内件的作用是使气液在塔内有更好的接触，以便于发挥填料塔的最大生产能力和最大效率，塔内件设计的好坏直接影响整个填料塔的操作运行和填料性能的发挥。

5.2 设计方案的确定

5.2.1 工艺流程的选择

吸收流程是指吸收过程中气、液两相的流向，以及整个系统内所需设备的布置及设备间气液的走向，主要有逆流操作、并流操作、单塔逆流吸收流程和部分吸收剂循环流程等。

(1) 逆流操作

在填料塔内，一般采用液体由上至下流动、气体由下至上流动的逆流过程。因为在两相进口浓度相同的条件下，逆流时的平均推动力大于并流时的平均推动力，吸收剂利用率高，分离程度高，完成一定的分离任务所需的传质面积小，是工业生产中最常采用的操作。但逆流时，液体向下流动受到上升气体的曳力，当塔内气体流速过大时，会妨碍液体顺利流下，导致液泛。

(2) 并流操作

并流操作时，气液两相均从塔顶流向塔底，可以有效防止液泛，因此可以提高操作气速，以提高生产能力。但由于平均推动力较小，只有少数情况予以选用：

① 吸收过程的平衡曲线较平坦，流向对推动力影响不大；

② 易溶气体的吸收，或处理的气体不需要吸收得很完全；

③ 吸收剂用量特别大，逆流操作容易引起液泛；

④ 吸收速率取决于反应速率而不是传质推动力的化学吸收过程，如水吸收 NO_2 制硝酸等。

工艺流程的选择仅考虑塔内流向是不够的，还应与整个生产过程相结合，典型流程有以下几种。

(1) 单塔逆流吸收流程

最简单常用的流程为单塔吸收流程。吸收剂由泵送到吸收塔顶，对送来的混合气体进行吸收，吸收液从塔底流入贮槽或送到其他工序；吸收尾气进入下一工序或放空（视具体情况而定），必要时可以在吸收剂进塔前设置冷却对其降温，以利于吸收；若送到本塔的气体为低压气体时，还可以设置风机，以使气体在入塔前获得足够的机械能，以克服在塔内流动时的阻力。

(2) 部分吸收剂循环流程

在逆流操作系统中，用泵将吸收塔排出的一部分液体冷却，与补充的新鲜吸收剂一同送回塔内，即为部分吸收剂循环流程。通常用于以下情况：

① 当吸收剂用量较小，为提高塔的液体喷淋密度；

② 对于非等温吸收过程，为控制塔内的温升，需取出一部分热量。

该流程特别适用于相平衡常数 m 值很小的情况，通过吸收液的部分再循环，提高吸收剂的使用效率。但是，吸收剂部分再循环操作较逆流操作的平均推动力要低，且需设置循环泵，操作费用增加。

工业生产中常用的流程还有多塔吸收流程、吸收与解吸联合流程等多种流程，可查阅有关资料。

5.2.2 操作条件的确定

(1) 操作温度的确定

降低吸收操作温度可增加溶质组分的溶解度，即低温有利于吸收，但操作温度的低限应由吸收系统的具体情况决定。例如水吸收 CO_2 的操作中用水量极大，吸收温度主要由水温决定，而水温又取决于大气温度，故夏季循环水温高时需补充一定量地下水以维持适宜的操作温度。

(2) 操作压力的确定

升高吸收操作压力可增加溶质组分的溶解度，即加压有利于吸收。但随着操作压力的升高，对设备的加工制造要求提高，且能耗增加，因此需结合具体工艺条件综合考虑，以确定操作压力。

5.2.3 吸收剂的选择

吸收操作是气、液两相之间接触的传质过程，为使分离气体混合物进行得既有效又经济，选择适宜的吸收剂是关键。评价吸收剂优劣的主要依据包括以下内容。

(1) 溶解度

吸收剂应对混合气体中被分离的溶质组分有较大的溶解度，以减小吸收设备的尺寸，并减少吸收剂的用量或循环量。循环量的减少，意味着输送和再生费用的降低。当吸收剂与溶质组分间有化学反应发生时，溶解度可以大大提高，但是如果工艺要求循环使用吸收剂，则化学反应必须是可逆的，以便于解吸。

(2) 选择性

吸收剂要对溶质组分具有良好的吸收能力，同时对混合气体中的其他组分不吸收或吸收甚微，以减少有用惰性组分的损失，并提高吸收后溶质气体的纯度。

(3) 溶解度对温度的敏感性

溶质在溶剂中的溶解度应对温度的变化比较敏感，即不仅在低温时溶解度大，平衡分压要小，而且随温度升高，溶解度应迅速减小。这样，被吸收的溶质解吸容易，溶剂再生方便。

(4) 挥发度

溶剂应不挥发，即蒸气压要低，使吸收时溶剂的挥发量尽可能少。一方面是为了减少溶剂的损失；另一方面是避免在气体中引入新的杂质。

(5) 腐蚀性

吸收剂的腐蚀性越小，对设备材质的要求越低，设备费用和维修费用越少。

(6) 黏度

操作温度下吸收剂的黏度要小，这样可以改善塔内流动状况，从而提高吸收速度。同时还有助于降低泵的功耗，有助于减少传热、传质的阻力。

（7）比热容

吸收剂的比热容应较小，以使再生时耗热量小，降低再生费用。

（8）发泡性

吸收剂的发泡性应较低，以免吸收塔内的允许空塔气速过低而增加塔的直径。

（9）其他

新选用的吸收剂应尽可能无毒无害，不易燃、不易爆、冰点低，价格便宜，货源充足，便于回收，并具有较高的化学稳定性。

实际上很难找到一种理想的吸收剂满足上述所有要求。因此，选择吸收剂时，应综合考虑各种因素，对可供选用的吸收剂作全面的评价，并与生产工艺条件及具体情况相结合，既考虑工艺要求，又要使经济上合理。

实际生产中，通常不用溶剂作为吸收剂，而是以稀溶液为吸收剂，如用稀氨水吸收混合气体中的氨。此时，应选择一个合适的吸收剂进口浓度，若所选吸收剂进口浓度过高，将使吸收过程的推动力减小，增加吸收塔的高度；若选择的进口浓度过低，则增加液相产品的浓缩费用，或增加吸收剂的再生费用。因此需通过多方案的计算和比较才能最后确定吸收剂的进口浓度。

选择吸收剂的进口浓度，除了考虑上述经济因素外，还必须使吸收剂进口浓度低于允许的最高进口浓度（一般情况下，在气、液两相逆流的填料塔中，允许的最高进口浓度为与塔顶气相成平衡时的液相浓度）。工业上常用的吸收剂，参见表 5-1。

表 5-1 工业上常用的吸收剂

溶质	吸收剂	溶质	吸收剂
NH_3	H_2O、H_2SO_4	HCl	H_2O
丙酮蒸气	H_2O	SO_3	98% H_2SO_4
丁二烯	乙醇、乙腈	苯蒸气	煤油、洗油
CO_2	H_2O、碱液、氨水	二氯乙烯	煤油
CO	铜氨液	H_2S	碱液、氨水、砷碱液、有机溶剂
氮氧化物	水、碱液、H_2SO_4、HNO_3	SO_2	NH_4HSO_4 及 $(NH_4)_2SO_4$ 溶液、H_2SO_4（浓）、碱液

5.3 填料的性质与选择

5.3.1 填料的特性参数

（1）比表面积 a_t

填料的比表面积愈大，可能提供的相接触面积也愈大。比表面积可由下式计算得到

$$a_t = na_0 \tag{5-1}$$

式中 a_t——单位体积填料的表面积，m^2/m^3；

n——单位体积填料具有的填料个数,个/m³;

a_0——单个填料的表面积,m²/个。

(2) 空隙率 ε

不同填料的空隙率可用冲水法由实验测定,若已知单个填料的实际体积 V_0,可按下式求取

$$\varepsilon = 1 - nV_0 \tag{5-2}$$

填料层的空隙率越大,则气体通过的阻力越小,气体通量就越大。

(3) 干填料因子与湿填料因子

干填料因子 (a_t/ε^3) 是由填料比表面积与空隙率组成的一个特性参数(计算值),单位为 m^{-1},其值表示上述两个填料特性的综合性能。

当填料用液体喷淋后,其比表面积与空隙率均将随之而变,与之对应的 a_t/ε^3 则必须由实验方法测定,并称其为湿填料因子(简称填料因子),用符号 ϕ 表示,单位仍为 m^{-1}。同一填料的湿填料因子与干填料因子数值不同,但含义相同,填料因子 ϕ 是表征填料层流体力学性能的重要参数。

5.3.2 填料的基本要求

在填料塔内,填料层是塔的核心部分,气液两相是在填料表面相互接触而进行传质的,填料是填料塔的主要气液接触元件,通常工艺要求填料塔具有高效、低阻和大处理量等优良性能,因此应具有如下特性:

① 单位体积填料的表面积 (a_t) 大;

② 单位体积填料具有的空隙体积 (ε) 大;

③ 填料表面有较好的液体均匀分布性能和润湿性能,以免发生沟流及壁流现象;

④ 气体通过填料层的阻力要小,并且填料层能起到均匀分布气体和液体的作用,以使压降均衡;

⑤ 制造容易、价格低廉、来源方便、耐腐蚀、不易堵塞;

⑥ 质轻、机械强度大;

⑦ 不与液体和气体发生化学反应。

5.3.3 填料类型

为适应不同工艺要求,填料种类繁多。按填料制作工艺不同,可分为实体填料与网体填料;按装填方式不同分为散装填料与规整填料。

实体填料系由陶瓷、金属、塑料等制成,如拉西环、阶梯环等环形填料,弧鞍和矩鞍等鞍型填料以及波纹板填料等。网体填料则主要由金属丝网制成,如三角形网、θ 网、鞍型网以及波纹网填料等。

散装填料(如拉西环)在填料塔内可以采用乱堆或整砌两种堆积方式。规整填料是指各种组合型填料,如波纹填料等。

工业上常见的几种散装填料如图 5-3 所示。各种填料的结构特点和性能参数请查阅相关资料。

5.3.4 填料的选择

填料的类型、规格和材质有多种,选用时必须从生产能力、效率、压降、成本、耐腐蚀以及填料的来源等多方面予以综合考虑。

图 5-3 工业中常见的散装填料

(1) 填料材质

选择填料时，首先应根据所处理物料的腐蚀性及操作温度和压力，确定填料的用材，一般可选金属、陶瓷和塑料等。

① 金属填料 金属填料材质的选择主要根据物系的腐蚀性和金属材质的耐腐蚀性来综合考虑。碳钢填料造价低，表面润湿性能良好，对于无腐蚀或低腐蚀性物系应优先使用；不锈钢填料耐腐蚀性强，一般能耐除 Cl^- 以外常见物系的腐蚀，但其造价较高；钛材、特种合金钢等材质制成的填料造价极高，一般只在某些腐蚀性极强的物系下使用。

金属填料可制成薄壁结构（0.2～1.0mm），与同种类型、同种规格的陶瓷、塑料填料相比，它的通量大、气体阻力小，且具有很高的抗冲击性能，能在高温、高压、高冲击强度下使用，工业应用主要以金属填料为主。金属填料特别适用于真空解吸或蒸馏。

② 陶瓷填料 瓷质填料具有良好的耐腐蚀性及耐热性，应用面最广，一般能耐除氢氟酸（HF）以外常见的各种无机酸、有机酸以及各种有机溶剂的腐蚀。对强碱性介质，可选用耐碱配方制造的耐碱陶瓷填料。陶瓷填料的缺点是质脆、易破碎，因此不宜在高冲击强度下使用。陶瓷填料价格便宜，具有很好的表面润湿性能，工业上主要用于气体吸收、气体洗涤、液体萃取等过程。

③ 塑料填料 塑料填料具有质轻、价廉、制作方便、耐冲击、不易破碎等优点，只要工作温度允许，应尽量采用塑料填料。聚丙烯（PP）、聚乙烯（PE）、聚氯乙烯（PVC）及其增强塑料常用于制作塑料填料。国内一般多采用聚丙烯材质。但应注意，聚丙烯填料在 0℃ 以下具有冷脆性，此时可选用耐低温性能好的聚乙烯塑料填料。

塑料填料的缺点是表面有憎水特性，使之不易被水（水溶液）润湿，因此，使用初期有效润湿比表面积小，传质效果较差。改善的办法：一种是进行表面处理，以提高填料表面对工艺流体的润湿性能；另一种是自然时效，经过10～15d操作可使填料的表面效率达到正常值。此外，塑料填料在使用及检修时，要严防填料超温、蠕变、熔融，防止起火燃烧等现象发生。

（2）填料规格

在指定任务下，所采用的填料尺寸直接影响塔径及填料层高度，因而也影响设备的投资及动力消耗。

填料的尺寸越大，则单位体积填料的费用越低，单位高度填料层的压降也越小。但传质效率也随之降低，并使所需要的填料层高度增加，因此填料的种类确定后，其尺寸的选择应通过经济衡算来决定。

对于散装填料，其规格通常指填料的公称直径（DN），公称直径与塔径（D）之比不应大于1/8，否则会使液体分布不佳，塔的效率急剧下降。工业生产上，一般大塔用大填料，因为大填料虽然效率低，但处理量大，成本低；而小塔则应选用效率较高的小填料。工业塔常用的散装填料主要有$DN16$、$DN25$、$DN38$、$DN50$、$DN76$等几种规格。

为避免产生严重的壁流现象，选用的填料尺寸必须使塔径与填料直径的比例适宜，乱堆填料一般使用50mm以下的填料。常用填料的塔径与填料公称直径比值D/DN的推荐值列于表5-2。

表5-2 塔径与填料公称直径比值 D/DN 的推荐值

填料类型	D/DN	填料类型	D/DN
拉西环	≥20～30	阶梯环	>8
鲍尔环	≥10～15	矩鞍环	>8

可根据塔径选取填料尺寸，表5-3中列出了不同塔径时常用的填料尺寸数据，可供设计时参考。

表5-3 常用填料尺寸

塔的公称直径/mm	填料尺寸/mm
$D<300$	20～25
$300 \leqslant D \leqslant 900$	25～38
$D>900$	50～80

（3）填料类型

选择填料类型时必须对生产能力、效率、压降、操作性能、装卸与检修等因素进行综合考虑，若对塔的生产能力、效率和压降大小有较高要求，应尽可能选用性能优良的材料，如鞍环、阶梯环、鲍尔环，甚至选用网波填料等新型高效填料。

对于课程设计，所选填料要有完整的设计方法和公式，且能得到设计所需要的有关数据与资料，比如总传质系数。由于拉西环填料的数据资料较齐全，所以在课程设计时可以选用，但应在结果评述中加以分析论述或指明改进的方向。

表5-4列出常用填料的相对通过能力，供选用填料时参考。

表 5-4 常用填料的相对通过能力

填料	填料尺寸/mm			填料	填料尺寸/mm		
	25	38	50		25	38	50
	相对值				相对值		
拉西环	100	100	100	阶梯环	170	176	165
矩鞍	132	120	123	鞍环	205	202	195
鲍尔环	155	150	150				

注：以拉西环为基准，其相对通过能力为 100。

5.4 气液平衡关系

在一定的温度和压力下，气、液两相经过充分接触，在溶质溶解于溶剂的过程中，随着溶液中溶质浓度的逐渐增大，传质速率逐渐减慢，最后降到零。此时气、液两相达到了相平衡，溶质在两相中的浓度服从某种特定关系，这种关系常称为平衡关系。不同系统在一定的温度和压力下有确定的平衡关系，吸收过程的相平衡关系实质上反映了溶质在溶剂中溶解度的大小。气液两相达到平衡时，溶质在液相中的平衡浓度即为溶解度，其在气相中的分压称为平衡分压。通常可以用溶解度曲线、溶解度表、溶解度计算式等来表示溶解度的大小。溶解度与温度和溶质组分在气相中的分压有关。

在选定了吸收剂之后，进行质量传递的两种流体就已经确定，如果物系的操作条件已经确定，即可确定物系的平衡关系，从而得到物系的平衡数据。

平衡关系数据可从以下途径获得：
① 查阅物性手册及相关文献；
② 通过相平衡公式计算。

获得平衡数据后，可在直角坐标图上绘出该物系的平衡曲线（通常为 Y-X 曲线），以便更直观地了解物系的气液平衡关系，判断过程进行的方向、了解过程进行的极限程度以及推动力的大小，也便于计算吸收剂的用量和填料层的高度。

5.4.1 亨利定律

化工生产中的吸收操作有时用于低浓度气体混合物的分离，而低浓度气体混合物吸收时，其液相浓度通常也较低，一般为稀溶液。大量的实验研究结果表明，气相总压不高时（不大于 500kPa），稀溶液体系的相平衡关系可用亨利定律表示。

$$p^* = Ex \tag{5-3}$$

式中 p^*——吸收质在气相中的平衡分压，kPa；
x——吸收质在液相中的摩尔分数；
E——亨利系数，kPa。

亨利定律还有其他两种表达形式，即

$$p^* = c/H \tag{5-4}$$

$$y^* = mc \text{ 或 } Y^* \approx mX \tag{5-5}$$

式中 c——吸收质在液相中的物质的量浓度（简称浓度），$kmol/m^3$；

y^*——吸收质在气相中的摩尔分数；

Y^*——吸收质在气相中的摩尔比；

x——吸收质在液相中的摩尔分数；

X——吸收质在液相中的摩尔比；

H——溶解度系数，$kmol/(m^3 \cdot kPa)$；

m——相平衡常数，无量纲。

E、H、m 三者之间存在如下关系

$$E \approx \frac{\rho_s}{HM_s} \tag{5-6}$$

$$m = \frac{E}{p} \tag{5-7}$$

式中 ρ_s——纯溶剂的密度，kg/m^3；

M_s——纯溶剂的摩尔质量，$kg/kmol$；

p——混合气体总压，kPa。

物系的 E、H、m 三个常数均由实验测定，可在有关资料上查得。亨利定律只反映了稀溶液的气液两相平衡关系，它对常压或接近常压下的难溶气体较为合适，而对易溶气体仅适用于低浓度气体吸收，若不是稀溶液则只能从有关手册中查其平衡数据。

除了用溶解度表反映物系的平衡关系外，也可用溶解度曲线反映物系的平衡关系。溶解度数据或溶解度曲线可在有关资料上查阅。

5.4.2 非等温吸收

气、液平衡关系受温度的影响很大，实际生产过程中往往伴有放热效应，使得出口处液体的温度不同于溶剂进塔的温度，即为非等温吸收。对于非等温吸收，实际过程的平衡介于入口温度下平衡曲线与出口温度下平衡曲线之间，只有气体中溶质浓度很低而溶剂的用量又很大时，溶解时所产生的热效应与液体的比热容相比可以忽略，吸收过程才可以视为等温吸收。

在非等温吸收过程中，液体温度在沿塔下流的过程中逐渐上升，特别是到近塔底处，气体浓度大，吸收速率快，使平衡线越来越陡。因此，在热效应较大时，吸收塔内的实际平衡线不应按塔顶、塔底的平均温度条件来计算，而应从塔顶到塔底，逐步地由液体浓度变化引起的热效应算出其温度，再作出实际平衡线。具体方法可查阅有关资料。

5.5 填料塔工艺设计计算

5.5.1 吸收剂用量

当获得物系的平衡数据后，就可以确定操作所需的吸收剂用量。对低浓度气体的吸收［进塔混合气体的浓度不超过10%（体积分数）］，可以近似地认为气体和液体沿塔高的流量

变化不大，可用摩尔比来表示溶质的浓度。吸收剂用量的确定分两种情况。

(1) 吸收液出口浓度已知

若对吸收液的出口浓度有规定或要求，则吸收液出口浓度应当是已知的。这时 G、Y_1、Y_2、X_2、X_1 都是已知的，以逆流吸收为例（如图5-4所示），可由全塔物料衡算求得吸收剂用量，即

$$L = G(Y_1 - Y_2)/(X_1 - X_2) \tag{5-8}$$

式中　G——惰性气体摩尔流量，kmol/s；
　　　L——吸收剂摩尔流量，kmol/s；
　　Y_1、Y_2——进塔及出塔气体的摩尔比；
　　X_1、X_2——出塔及进塔液体的摩尔比。

(2) 吸收液出口浓度未知

此时 X_1 未知，吸收剂的用量要服从经济效益最佳的原则。根据生产经验，一般情况下吸收剂用量为吸收剂最小用量的 1.1~2.0 倍是比较适宜的：

$$L/G = (1.1 \sim 2.0)(L/G)_{min} \tag{5-9}$$

或

$$L = (1.1 \sim 2.0) L_{min} \tag{5-10}$$

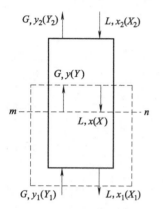

图 5-4　逆流吸收操作示意图

$(L/G)_{min}$ 为最小液气比，可用图解法求出。如果平衡曲线符合图5-5(a) 所示的一般情况，则需确定过 Y_1 的水平线与平衡线的交点 B^*，从而读出 X_1^* 的值，然后用下式计算最小液气比。

$$\left(\frac{L}{G}\right)_{min} = \frac{Y_1 - Y_2}{X_1^* - X_2} \tag{5-11}$$

或

$$L_{min} = G \frac{Y_1 - Y_2}{X_1^* - X_2} \tag{5-12}$$

若平衡曲线呈现图5-5(b) 的情况，则应过点 T 作平衡线的切线，找到过 Y_1 的水平线与切线的交点 B'，从而读出点 B' 的横坐标 X_1' 的数值，然后按下式计算最小液气比。

$$\left(\frac{L}{G}\right)_{min} = \frac{Y_1 - Y_2}{X_1' - X_2} \tag{5-13}$$

或

$$L_{min} = G \frac{Y_1 - Y_2}{X_1' - X_2} \tag{5-14}$$

若平衡关系符合亨利定律，可用 $Y = mX$ 表示，则可用下式求算最小液气比

$$\left(\frac{L}{G}\right)_{min} = \frac{Y_1 - Y_2}{\dfrac{Y_1}{m} - X_2} \tag{5-15}$$

或

$$L_{min} = G \frac{Y_1 - Y_2}{\dfrac{Y_1}{m} - X_2} \tag{5-16}$$

由图5-5(a) 可见，当 G 值已经确定时，若增大吸收剂用量，则点 B 将沿水平线向左移动，操作线斜率增加，操作线与平衡线的距离加大，塔内传质推动力增加，完成一定分离任务所需塔高降低，设备费用减少，但溶剂的循环、再生费用将增大。因此确定吸

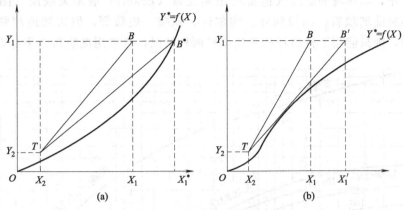

图 5-5 吸收塔的液气比与最小液气比

收剂用量时必须从经济效益最佳的原则出发，进行多方案比较和综合分析，考虑吸收剂的成本等，确定最佳的用量。

工业应用中，将 mG/L 称为解吸常数或解吸因子，用 S 表示，是一个很重要的设计参数。其中，m 是由操作条件确定的相平衡常数；G 是生产任务所要处理的惰性气体量；L 则是在设计或操作中可调整的吸收剂用量。常通过调整吸收剂用量 L 来改变解吸常数 S，将影响到填料层的通量、塔径以及填料层的高度。若增大吸收剂用量 L，则 S 将减小，使吸收过程的推动力增大，可以降低填料层高度，减少出口气体中溶质的损失。但同时，吸收剂的输送和再生费用将增大，溶液出口浓度变小，回收溶质的费用会增大。另外，吸收剂用量的大小将直接影响填料的湿润程度，从而影响传质效果，故吸收剂用量应保证一定的喷淋密度。在工业生产上常采用吸收剂循环的方法来增大喷淋密度，降低传质推动力，增加填料层高度。所以对这些方法应进行经济衡算和多方案比较，最后才能确定。

一般应在吸收费用和回收费用或再生费用之间进行经济衡算，最后确定液气比和吸收剂的消耗量。也可进行多方案比较，得到较好的结果。还可在有关资料上查阅经济衡算公式进行计算。

5.5.2 泛点气速

在逆流接触的填料塔中，上升气流会对下降液体产生曳力，当这种曳力增大至足以阻止液体流下时，液体充满塔顶填料层空隙，气体只能鼓泡上升，压降急剧升高，这种现象称为液泛。

开始出现液泛状态的气速即泛点气速。泛点气速 (u_F) 是填料塔操作气速的上限，填料塔的操作空塔气速 (u) 必须小于泛点气速。操作空塔气速与泛点气速之比称为泛点率。对于散装填料，其泛点率的经验值为 $u/u_F=0.5\sim0.85$。对于规整填料，其泛点率的经验值为 $u/u_F=0.6\sim0.95$。

泛点率的选择主要考虑填料塔的操作压力和物系的发泡程度。设计中，对于加压操作的塔，应取较高的泛点率；对于减压操作的塔，应取较低的泛点率；对于易起泡沫的物系，泛点率应取低限值；而无泡沫的物系，可取较高的泛点率。泛点气速可用经验方程式计算，亦可用关联图求取。

工程设计中，填料塔的泛点气速常利用埃克特（Eckert）通用关联图（图5-6）求取，该图适用于各种乱堆填料，如拉西环、鲍尔环、弧鞍、矩鞍等，但需知道填料因子 Φ 值。对于整砌填料，则只能用于拉西环和弦栅填料两种情况，且应用湿填料因子计算。

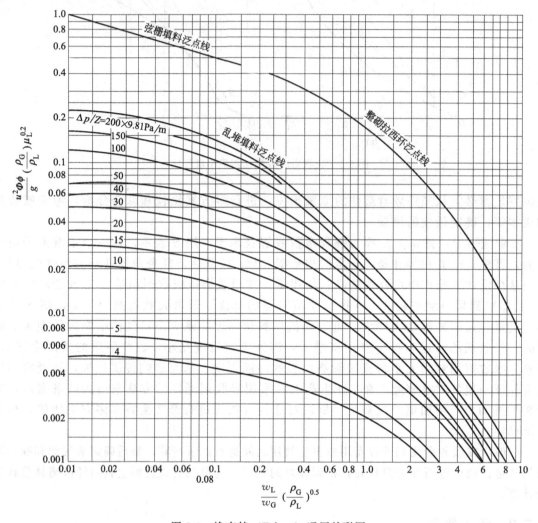

图 5-6 埃克特（Eckert）通用关联图

u—空塔气速，m/s；g—重力加速度，9.81m/s^2；Φ—填料因子，m^{-1}；ϕ—液体密度校正系数，$\phi = \rho_{水}/\rho_L$；ρ_G，ρ_L—气、液相密度，kg/m^3；μ_L—液体黏度，mPa·s；w_G，w_L—气、液相的质量流量，kg/h

由于 Φ 值是一个经验值，因此它在不同操作条件下的准确性值得探讨。如果在计算时将 Φ 作为常数，会造成较大的误差，因为填料因子随喷淋密度的改变存在一定程度的变化。大量实验数据表明，计算泛点气速与计算气体压降时，分别采用泛点填料因子 Φ_F 和压降填料因子 Φ_p，可使计算误差减小。研究者正在研究和测取不同类型填料的泛点填料因子 Φ_F 与压降填料因子 Φ_p 的数值，以期进一步改进埃克特通用关联图。

泛点填料因子 Φ_F 与液体喷淋密度有关，为了工程计算方便，常采用与液体喷淋密度无关的泛点填料因子平均值。表5-5列出了部分散装填料的泛点填料因子平均值，可供设计参考，由此计算得到的泛点气速平均误差在15%以内。

表 5-5　散装填料泛点填料因子平均值

散装填料类型	填料因子/m^{-1}				
	$DN16$	$DN26$	$DN38$	$DN50$	$DN76$
塑料鲍尔环	550	280	184	140	92
金属鲍尔环	410	—	117	160	—
塑料阶梯环	—	260	170	127	—
金属阶梯环	—	—	160	140	92
金属环矩鞍	—	170	150	135	120
瓷矩鞍	1100	550	200	226	—
瓷拉西环	1300	832	600	410	—

有时，也可用下述贝恩-霍根（Bain-Hougen）关联式计算。

$$\lg\left(\frac{u_F^2}{g}\frac{a_t}{\varepsilon^3}\frac{\rho_G}{\rho_L}\mu_L^{0.2}\right) = A - K\left(\frac{w_L}{w_G}\right)^{1/4}\left(\frac{\rho_G}{\rho_L}\right)^{1/8} \tag{5-17}$$

式中　u_F——泛点气速，m/s；
　　　g——重力加速度，$g=9.81\text{m/s}^2$；
　　　a_t——填料的比表面积，m^2/m^3；
　　　ε——填料层空隙率，m^3/m^3；
　ρ_G、ρ_L——气、液相密度，kg/m^3；
　　　μ_L——液体黏度，mPa·s；
　w_G、w_L——气、液相的质量流量，kg/h；
　　A、K——关联常数。

常数 A 和 K 与填料的形状及材质有关，不同类型填料的 A、K 值列于表 5-6 中。

表 5-6　不同填料的 A、K 值

散装填料类型	A	K	规整填料类型	A	K
金属鲍尔环	0.1	1.75	金属丝网波纹填料	0.30	1.75
塑料鲍尔环	0.0942	1.75	塑料丝网波纹填料	0.4201	1.75
塑料阶梯环	0.204	1.75	金属网孔波纹填料	0.155	1.47
金属阶梯环	0.106	1.75	金属孔板波纹填料	0.291	1.75
瓷矩鞍	0.176	1.75	塑料孔板波纹填料	0.291	1.563
金属环矩鞍	0.06225	1.75			
瓷拉西环	0.022	1.75			
瓷弧鞍	0.26	1.75			

由式（5-17）计算泛点气速，误差在 15% 以内。求出泛点气速后，通常可选定操作气体等，从而进行相关计算。

5.5.3　塔径的计算与校核

（1）塔径的计算

填料塔的直径 D 与空塔气速 u、气体的体积流量 V_s 之间的关系也可用圆管内流体的流

量方程表示，即

$$D = \sqrt{\frac{4V_s}{\pi u}} \tag{5-18}$$

式中　D——塔径，m；

　　　V_s——操作条件下混合气体的体积流量，m^3/s；

　　　u——适宜空塔气速，一般情况下，$u = (0.6 \sim 0.85)u_F$，m/s；

　　　u_F——泛点气速，m/s。

对于易起泡物系，$u \leqslant 0.5 u_F$；对于加压塔或新型高效填料，空塔气速可取大一点，一般填料塔的操作气速大致为 $0.2 \sim 1.0$m/s。

由式（5-18）算出的塔径应按国家压力容器公称直径的系列标准进行圆整。常用标准塔径为 400mm、500mm、600mm、700mm、800mm、1000mm、1200mm、1400mm、1600mm、2000mm、2200mm 等。圆整后再按实际塔径重新计算实际空塔气速与泛点率。

(2) 塔径的校核

① 核算喷淋密度　在吸收剂用量及塔径确定以后，还需要校核喷淋密度。在填料塔内，气、液两相间的传质是在填料的润湿表面上进行的，因此，填料表面的润湿程度及均匀性将对吸收操作的效果起决定作用。在确定吸收剂用量时，除了满足工艺过程的分离要求外，还要确保填料表面充分湿润，既要防止液泛现象的发生，又要满足生产设备的操作要求。为了保证填料表面能被充分湿润，必须保证单位塔截面积上单位时间内喷下的液体量（称为喷淋密度）要足够大。

填料的湿润率可用下式计算

$$L_W = U/\sigma \tag{5-19}$$

$$U = L_h/\Omega \tag{5-20}$$

式中　L_W——润湿率，$m^3/(m \cdot h)$；

　　　U——液体喷淋密度，$m^3/(m^2 \cdot h)$；

　　　σ——常数，在数值上等于干填料的比表面积 a_t，m^2/m^3；

　　　L_h——液体喷淋量，m^3/h；

　　　Ω——塔截面积，m^2。

在设计时，为保证填料充分湿润，可采用以最小润湿率为基准的方法进行计算。

对于直径小于75mm 的环形填料，必须使润湿率最小值 $L_{Wmin} > 0.08 m^3/(m \cdot h)$；

对于直径大于75mm 的环形填料，必须使润湿率最小值 $L_{Wmin} > 0.12 m^3/(m \cdot h)$。

对于规整填料，其最小喷淋密度可从有关手册中查出。在设计过程中，通常取 $U_{min} = 0.2 m^3/(m^2 \cdot h)$。

② 核算塔径比 D/d　为防止填料塔的沟流或壁流现象，圆整塔径后，应校核填料尺寸与塔径的关系，一般要求塔径与填料尺寸之比 $D/d \geqslant 10$。对于拉西环要求 $D/d \geqslant 20$；鲍尔环 $D/d \geqslant 10$；鞍形填料 $D/d \geqslant 15$。

若增大吸收剂用量或减小塔径后能满足喷淋量的校核要求，还应该重新校核操作气速是否为 $u = (0.6 \sim 0.85)u_F$，以确保不发生液泛现象。

5.5.4　塔高的计算

塔的总高度为填料层高度加上各附属部件的高度及塔顶、塔底的空间高度。在计算填料层高度之前，需要先计算传质系数。

(1) 传质系数的计算

传质系数不仅与流体的物性、气液两相速率、填料的类型及特征有关，还与全塔的液体分布、塔的高度和塔径有关。获取传质系数有以下三种途径：由实验测定；选用适当的经验数据；选用适当的特征数关联式进行估算。

目前工程计算只能用经验方法解决，计算时应针对具体物系和操作条件选取适当的传质系数经验公式，可参考有关的设计手册。

在无经验公式或图表时，可以按特征数关联式估算传质系数。下面介绍由恩田（Onda）等人导出，经天津大学修正，能扩展用于新型填料的特征数关联式，其特点是将被液体湿润的填料表面积作为有效传质面积，分别提出计算有效面积 a 和传质分系数 k_G、k_L 的关联式，然后相乘得到 $k_G a$ 和 $k_L a$。

① 填料润湿表面积计算

$$\frac{a}{a_t} = 1 - \exp\left[-1.45\left(\frac{\sigma_C}{\sigma}\right)^{0.75} Re_L^{0.1} Fr_L^{-0.05} We_L^{0.2}\right] \tag{5-21}$$

$$Re_L = \frac{L}{a_t \mu_L}; \quad Fr_L = \frac{L^2 a_t}{\rho_L^2 g}; \quad We_L = \frac{L^2}{\rho_L \sigma a_t}$$

式中 a、a_t——单位体积填料的有效面积及总表面积，m^2/m^3；

σ、σ_C——液体的表面张力及填料材质的临界表面张力（见表 5-7），N/m；

L——液体通过空塔截面的质量流速，$kg/(m^2 \cdot s)$；

μ_L——液体黏度，Pa·s；

ρ_L——液体密度，kg/m^3；

σ_C/σ——考虑不同材质的填料被液体湿润的情况不同而引入的比值；

Re_L——表示液体在填料表面流动受黏性力影响的雷诺数；

Fr_L——表示重力影响的弗劳德（Froude）数；

We_L——表示表面张力影响的韦伯数。

表 5-7 填料材质的临界表面张力

材 质	临界表面张力/(mN/m)	材 质	临界表面张力/(mN/m)
碳	56	聚氯乙烯	40
陶瓷	61	钢	75
玻璃	73	石蜡	20
聚乙烯	33		

② 液相传质分系数

$$k_L \left(\frac{\rho_L}{\mu_L g}\right)^{1/3} = r Re_L'^{2/3} Sc_L^{-1/2} (a_t d_p)^{0.4}$$

$$Re_L' = \frac{L}{a \mu_L}; \quad Sc_L = \frac{\mu_L}{\rho_L D_L} \tag{5-22}$$

式中 r——由填料类型决定的系数，见表 5-8；

k_L——液相传质分系数，m/s；

μ_L——液相的黏度，Pa·s；

ρ_L——液相的密度，kg/m³；

L——液相空塔质量流速，kg/(m²·s)；

D_L——液相的扩散系数，m²/s；

a——单位体积填料的有效面积，m²/m³；

g——重力加速度，$g=9.81$ m/s²；

Re'_L——液体的雷诺数；

Sc_L——反映液体物理性质的施密特数；

$k_L[\rho_L/(\mu_L g)]^{1/3}$——包括 k_L 的无量纲数群。

表 5-8　填料的系数 r 和 $a_t d_p$

填料类型	$r/\times 10^{-3}$	$a_t d_p$	填料类型	$r/\times 10^{-3}$	$a_t d_p$
球	8.3	3.4	鲍尔环(米字筋)	10.8	约 5.9
圆棒	8.5	3.5	阶梯环	11.1	
拉西环	9.5	4.7	鲍尔环(井字筋)	11.3	
弧鞍	10.2	5.6			

③ 气相传质分系数

$$Sh = \theta Re_G^{0.7} Sc_G^{1/3} (a_t d_p)^{-2}$$

$$Sh = \frac{k_G RT}{a_t D_G}, Re_G = \frac{G}{a_t D_G}, Sc_G = \frac{\mu_G}{\rho_G D_G} \tag{5-23}$$

式中　θ——系数，对于大于 15mm 的环形和鞍形填料为 5.23，小于 15mm 的填料为 2.00；

　　　d_p——填料的名义尺寸，$a_t d_p$ 是填料类型与尺寸决定的一个无量纲数，可按填料特性参数计算；

T——气体温度，K；

R——气体常数，$R=8.314$ J/(kmol·K)；

k_G——气相传质分系数，kmol/(m²·s·kPa)；

a_t——单位体积填料层的总表面积，m²/m³；

D_G——气相扩散系数，m²/s；

G——气体的空塔质量流量，kg/(m²·s)；

Sc_G——表征气相物性对传质影响的无量纲数群，称为施密特数；

μ_G——气相的黏度，Pa·s；

ρ_G——气相的密度，kg/m³；

Sh——包括待求 k_G 的无量纲数群，称为舍伍德数；

Re_G——气相雷诺数。

恩田（Onda）模型的适用范围为：

$0.04 < Re_L < 500$；$1.2 \times 10^{-8} < We_L < 0.027$；$2.5 \times 10^{-9} < Fr_L < 1.8 \times 10^{-2}$；$0.3 < \sigma_C/\sigma < 2$。

天津大学化工系对各类开孔环形填料进行了系列传质实验，提出了恩田修正式

$$k_L = 0.0095 \left(\frac{L}{a\mu_L}\right)^{2/3} \left(\frac{\mu_L}{\rho_L D_L}\right)^{-1/2} \left(\frac{\mu_L g}{\rho_L}\right)^{1/3} \Psi^{0.4} \tag{5-24}$$

$$k_G = 0.237\Psi^{1.1} \left(\frac{G}{a_t \mu_G}\right)^{0.7} \left(\frac{\mu_G}{\rho_G D_G}\right)^{1/3} \frac{a_t D_G}{RT} \tag{5-25}$$

式中 Ψ——形状系数，可按表 5-9 查取。

表 5-9 各类填料的形状系数

填料类型	Ψ 值
拉西环	1.00
弧鞍环	1.19
开环	1.45

对于不同的吸收物系，其传质系数的计算有不同的关系式，但在计算填料层高度时，常用体积传质总系数 $K_Y a$（或 $K_X a$）进行计算，需将传质分系数换算为传质总系数。各传质分系数与各传质总系数之间的换算关系可查阅有关资料。

在导出传质总系数与传质分系数的关系时，引用了亨利定律，所以要求在整个吸收过程所涉及的浓度范围内，平衡关系必须为直线关系。对于易溶气体 $K_G \approx k_G$，难溶气体 $K_L \approx k_L$，可以分别使用传质总系数 K_G 或 K_L 及与其对应的推动力，对于具有中等溶解度的气体而平衡关系又不为直线时，不宜采用传质总系数来表示速率关系和进行相关计算。

(2) 填料层高度的计算

填料层是填料塔完成传质实现分离任务的场所，其高度的计算实质是计算过程所需的相际传质面积，涉及物料衡算、传质速率和相平衡关系。填料层高度的计算分为传质单元数法和等板高度法。在工程设计中，对于吸收、解吸及萃取过程中的填料塔的设计计算，多采用传质单元数法；而对于精馏过程中的填料塔的设计计算，习惯上采用等板高度法。

① 传质单元数法 低浓度气体吸收时，填料层高度的计算式为

$$Z = \frac{G}{K_Y a \Omega} \int_{Y_2}^{Y_1} \frac{dY}{Y - Y^*} \tag{5-26}$$

$$Z = \frac{L}{K_X a \Omega} \int_{X_2}^{X_1} \frac{dX}{X^* - X} \tag{5-27}$$

式中 G——单位时间内通过吸收塔的惰性气体量，kmol/s；
L——单位时间内通过吸收塔的吸收剂量，kmol/s；
Y_1、Y_2——进塔及出塔气体的摩尔比；
X_1、X_2——出塔及进塔液体的摩尔比；
$K_Y a$、$K_X a$——气相体积总传质系数和液相体积总传质系数，$kmol/(m^3 \cdot s)$；
Z——填料层高度，m。

令 $N_{OG} = \int_{Y_2}^{Y_1} \frac{dY}{Y - Y^*}$ $H_{OG} = \frac{G}{K_Y a \Omega}$

$N_{OL} = \int_{X_2}^{X_1} \frac{dX}{X^* - X}$ $H_{OL} = \frac{L}{K_X a \Omega}$

则

$$Z = H_{OG} N_{OG} \tag{5-28}$$

$$Z = H_{OL} N_{OL} \tag{5-29}$$

式中 H_{OG}、H_{OL}——气相、液相总传质单元高度，m；

N_{OG}、N_{OL}——气相、液相总传质单元数，无量纲。

传质单元数的计算可有几种方法：对数平均推动力法；吸收因数法；图解（或数值）积分法。需要注意的是，各方法的适用条件不同，详细计算过程可参见相关教材。

传质单元高度的计算较为复杂，因为传质过程的影响因素十分复杂，对于不同物系、不同的填料以及不同的流动状况与操作条件，传质单元高度各不相同，迄今为止，尚无通用的计算方法和计算公式。可通过前述的方法选择合适的关联式计算出传质系数，从而计算得到传质单元高度。

② 等板高度法　等板高度是与一层理论板的传质作用相当的填料层高度，即HETP，单位m。等板高度的大小表明填料效率的高低。采用等板高度法计算填料层高度的基本公式为

$$Z = \text{HETP} N_T \tag{5-30}$$

式中，N_T 为理论板数，其计算方法可参考化工原理教材。

等板高度与许多因素有关，不仅取决于填料的类型和尺寸，也受系统物性、操作条件及设备尺寸的影响。目前尚无准确可靠的方法计算填料的HETP值。一般的方法是通过实验测定或由经验关联式进行估算，也可从工业应用的实际经验中选取HETP值。某些填料在一定条件下的HETP值可从有关填料手册中查得。表5-10列出了几种填料的等板高度值，可供参考。

表5-10　几种填料的等板高度值

应用情况		HETP/m	应用情况		HETP/m
填料类型	DN25填料	0.46	填料类型	吸收	1.5~1.8
	DN38填料	0.66		小直径塔（小于0.6m）	塔径
	DN50填料	0.90		真空塔	塔径+0.1

(3) 填料层的分段

当液体沿填料层向下流动时，有逐渐向塔壁方向集中的趋势，形成"壁流"现象，结果使液体分布不均，传质效率降低，严重时使塔中心的填料不能被湿润而形成"干堆"。为了提高塔的传质效率，填料必须分段。在各段填料之间安装液体再分布装置，其作用是收集上一填料层的液体，使其重新均匀分布在下一填料层上。

分段填料层的高度应小于15~20倍等板高度，且每段金属填料高度不得超过6~7m，塑料填料不得超过3~4.5m。拉西环有助于改善液体分布不良的影响，故分段填料层的高度与塔内径之比（Z/D）应为 $Z/D \leq 2.5$，对于较大直径的塔则 $Z/D \leq 2 \sim 3$，而 Z/D 的下限应为1.5~2，否则将影响气体沿塔截面的分布。

对于散装填料，一般推荐的分段高度值见表5-11，表中 h/D 为分段高度与塔径之比，Z_{max} 为允许的最大填料层高度。

表5-11　散装填料分段高度推荐值

填料类型	h/D	Z_{max}/m
鲍尔环	5~10	≤6
矩鞍	5~8	≤6

续表

填料类型	h/D	Z_{max}/m
拉西环	2.5	≤4
阶梯环	8~15	≤6
矩鞍环	8~15	≤6

对于规整填料，分段高度可大于乱堆填料，填料层的分段高度可按下式确定

$$h = (15 \sim 20) \text{HETP} \tag{5-31}$$

式中　h——规整填料的分段高度，m；
　　HETP——规整填料的等板高度，m。

亦可按表 5-12 推荐的分段高度值确定。

表 5-12 规整填料分段高度推荐值

填料类型	h/m	填料类型	h/m
250Y 板波纹填料	6.0	500(BX)丝网波纹填料	3.0
500Y 板波纹填料	5.0	700(CY)丝网波纹填料	1.5

（4）塔高

为了保证工程的可靠性，计算出的填料层高度还应该留出一定的安全系数。根据经验，填料层的设计高度一般为

$$Z' = (1.2 \sim 1.5)Z \tag{5-32}$$

式中　Z'——设计时的填料层高度，m；
　　Z——工艺计算得到的填料层高度，m。

塔的总高度为设计填料层高度加上各附属部件的高度及塔顶、塔底的空间高度。

塔顶空间高度是指填料层以上应有足够的高度以使随气流携带的液滴能够从气相分离出来，减少塔顶出口气体中的液体夹带，必要时还可以安装破沫装置。这段高度为填料层上方到塔顶封头之间的垂直距离，一般取 1.2~1.5m。

塔底空间高度是指填料层最底部到塔底封头之间的垂直距离。该空间应保证塔底料液维持一定的高度，以达到对塔底进口气体进行液封，防止气体外泄。塔底液体维持高度是依据塔的液相流量和液体在塔底的停留时间确定的，一般可取液体的停留时间 3~5min。此外，塔底液面到填料底部之间还应留有空间以满足安装进气管的要求，进气管的位置应该在填料层以下约一个塔径的距离，且高于塔底液面 300mm 以上。

5.5.5 塔内压降的计算

目前，工程设计中常用埃克特（Eckert）通用关联图来计算填料塔的压降及泛点气速，见图 5-6。

为确保填料塔在最佳工况下操作，每米填料层的压降不能太大，一般常压塔内压降 $\Delta p = 147 \sim 490.3 \text{Pa}$ 为宜；在真空塔中，Δp 应不大于 78.45Pa。实际生产中，填料塔的允许压降往往还取决于工艺过程的具体要求及前后系统的相互关系。当计算出的填料层压降超出设计任务中工艺要求的数值时，则应按要求的 Δp 值由埃克特通用关联图反求空塔气速，然后重新计算塔径 D 及其他与 D 有关的参数。

埃克特通用关联图往往只适用于乱堆填料压降的求取，计算整砌填料的压降可用流体力学中的阻力系数法。

气体通过填料层的压降不仅与气体的流动情况有关，而且与液体的流动情况有关，H. M. 查伏郎柯夫提出了这样的计算方法：先计算干塔压降，再进行修正得到气体通过湿填料层的压降。

$$\Delta p = \Delta p_0 \tau \tag{5-33}$$

式中　Δp——气体通过湿填料层的压降，Pa；
　　　Δp_0——气体通过干填料层的压降，Pa；
　　　τ——修正系数，可由式（5-36）～式（5-38）计算。

当 $Re'_G < 40$ 时

$$Re'_G = \frac{4G}{a\mu_G}$$

$$\Delta p_0 = \frac{4.375 \mu_G G a^2 Z}{\varepsilon^3 \rho_G} \tag{5-34}$$

当 $Re'_G > 40$ 时

$$\Delta p_0 = \frac{G^{1.8} a^{1.2} \mu_G^{0.2} Z}{0.66 \rho_G \varepsilon^3} \tag{5-35}$$

式中　μ_G——气体黏度，Pa·s；
　　　ρ_G——气体密度，kg/m³；
　　　a——填料比表面积，m²/m³；
　　　ε——填料的空隙率，m³/m³；
　　　G——气相空塔质量流量，kg/(m²·s)；
　　　Z——填料层高度，m。

对于直径小于 30mm 的陶瓷拉西环

$$\tau = \frac{1}{\left(1 - 1.65 \times 10^{-10} \frac{a}{\varepsilon^3} - \Pi\right)^3} \tag{5-36}$$

$$\Pi = \sqrt[3]{\frac{U^2 ab}{g\varepsilon^3}} \tag{5-37}$$

$$b = \frac{23.7}{\left(\frac{4L}{a\mu_L}\right)^{0.3}} \tag{5-38}$$

式中　U——喷淋密度，m³/(m²·s)；
　　　Π——喷淋密度，无量纲；
　　　L——液体质量流量，kg/(m²·s)；
　　　μ_L——液体黏度，Pa·s；
　　　g——重力加速度，$g = 9.81 \text{m/s}^2$。

对于直径大于 30mm 的陶瓷拉西环

若 $\Pi > 0.3$，则

$$\tau = \frac{1}{(1.29 - 1.43\Pi)^3} \tag{5-39}$$

若 $\Pi < 0.3$，则
$$\tau = \frac{1}{(1-\Pi)^3} \tag{5-40}$$

对于钢制拉西环填料
$$\tau = \frac{1}{(1-1.39\Pi)^3} \tag{5-41}$$

Π 由式（5-37）计算。

各项参数符合要求后，即可确定塔的其他工艺尺寸和选用有关的附属装置。

5.6 填料塔的附属装置

填料塔的设计中，除了正确地进行填料层本身的设计计算外，还要合理选择和设计填料塔的附属装置，以保证填料塔正常操作，并降低压降、提高塔效率、改善操作弹性。填料塔的主要内件有：填料支承装置、液体分布装置、液体再分布装置、填料压板及床层限制板等。

5.6.1 填料支承装置

填料支承装置的作用是支承塔内的填料。填料在塔内无论是乱堆还是整砌，都需放在支承装置上，支承装置要有足够的机械强度才能承受填料层及其所持液体的重量。支承装置的自由截面积应大于填料层的自由截面积，否则，当气速增大时将在支承装置处出现液泛现象，将之称为限制生产能力及操作弹性的薄弱环节，对于小塔必须注意这点，同时要求支承装置具有一定的耐腐蚀性能。常用的填料支承装置有栅板型、孔管型、驼峰型等，如图5-7所示。对于散装填料，通常选用孔管型、驼峰型支承装置；对于规整填料，通常选用栅板型支承装置。

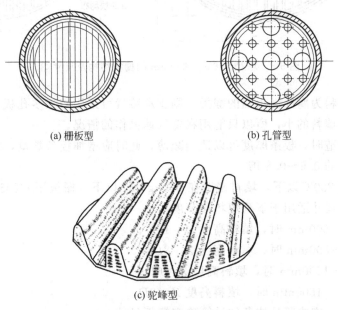

(a) 栅板型　　　　(b) 孔管型

(c) 驼峰型

图 5-7　填料支撑板结构

(1) 栅板

栅板具有有效截面积大、金属耗量少等优点，故采用栅板作为填料的支承装置较为广泛。栅板条之间的距离约为填料环外径的 0.6～0.8 倍。在直径较大的塔中，当填料环尺寸较小时，也可采用间距较大的栅板，先在其上布满尺寸较大的十字分隔瓷环，再放置尺寸较小的瓷环，这样，栅板自由截面较大，且比较坚固。

栅板可以制成整块式或分块式，一般直径小于 500mm 可制成整块的；直径在 600～800mm 时，应分成两块；直径在 900～1200mm 时，分成三块；直径大于 1400mm 时，分成四块，使每块宽度约在 300～400mm 之间，方便装卸。对应不同塔径的栅板结构见图 5-8～图 5-10。

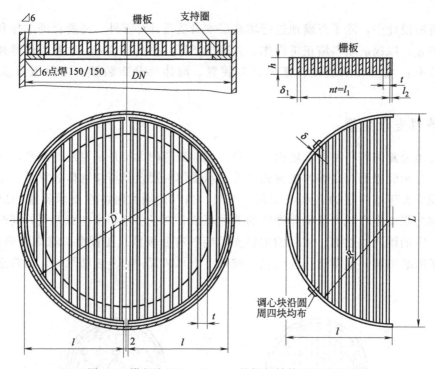

图 5-8　塔径为 600～800mm 的栅板结构及尺寸图

若被处理的物料为腐蚀性很强的酸类，则支承装置可采用陶瓷多孔板，但陶瓷多孔板的自由截面积一般比填料的小，所以只能用在低气速操作的情况。

当用不锈钢制造时，板条厚度可以适当减薄，此时应增加板条数量，以保证栅板条的间距不大于填料直径的 0.6～0.8 倍。

当介质温度在 250℃ 以下，填料密度在 670kg/m^3 以下，栅板用 Q235 或 Q235F 钢材制造时，附录 7 所列尺寸适用于下列填料层高度：

塔径 $D=200～600$mm 时，填料高度 $Z=10D$；

塔径 $D=700～800$mm 时，填料高度 $Z=8D$；

塔径 $D=900～1200$mm 时，填料高度 $Z=6D$；

塔径 $D=1400～1600$mm 时，填料高度 $Z=3D$。

在其他情况下，应按照具体条件计算确定栅板尺寸。

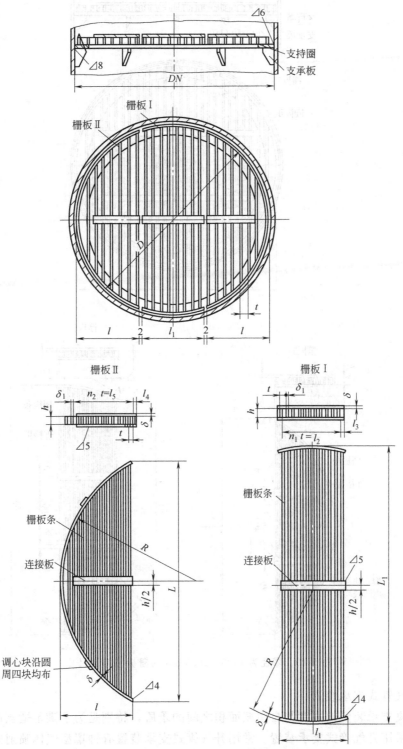

图 5-9　塔径为 900～1200mm 的栅板结构及尺寸

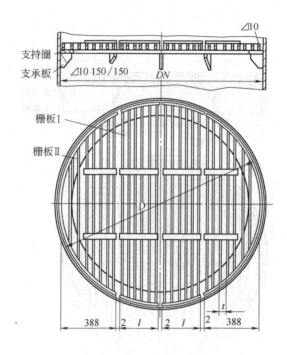
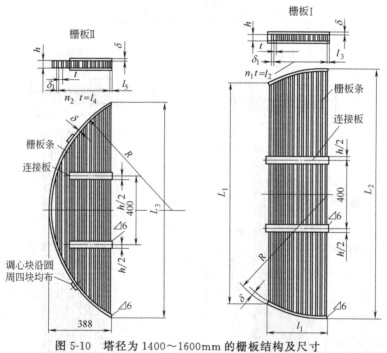

图 5-10 塔径为 1400～1600mm 的栅板结构及尺寸

(2) 升气管式支承装置

为了解决支承装置的强度与自由截面积之间的矛盾，特别是为了满足适当高空隙率填料的要求，可采用升气管式支承装置。常用升气管式支承装置有钟罩型气体喷射式支承板和梁型气体喷射式支承板。

对于钟罩型气体喷射式支承板，如图 5-11 所示，气体由升气管上升，通过气道顶的孔及侧面的齿缝进入填料层，而液体则由支承板装置底板上的许多小孔流下，气液分道而行，彼此很少干扰。这种支承装置，气体流通截面积大，而机械强度仍可保证。升气管有圆形的，多为瓷制；也有条形的，多为金属制。

梁型气体喷射式支承板是目前性能最优的大塔支承板，如图 5-12 所示。使用塔径最大为 12m，这种支承板的特点是：气体通道大，可提供大于 100% 的自由截面积；液体负荷高，液体不仅可从盘上的开孔排出，而且可从条与条的间隙穿过；梁型结构增加了强度，也便于安装拆卸。其在强度和空隙率方面均比钟罩型优越，在新型填料塔中已被广泛应用。这种支承板由若干支承梁组装而成，各条支承梁除长度不同外，其余结构尺寸均相同，以便成批生产。梁型气体喷射式支承板除用金属制作外，还可用塑料和陶瓷制作，其结构相同。

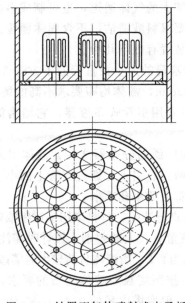

图 5-11　钟罩型气体喷射式支承板

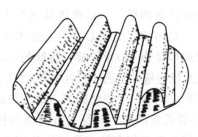

图 5-12　梁型气体喷射式支承板

5.6.2 液体分布装置

填料塔操作时，在任一截面上都要能保证气液的均匀分布。气速的均匀分布，主要取决于液体分布的均匀程度，因此，液体在塔顶的初始均匀分布是保证填料塔达到预期分离效果的重要条件。

为了使液体初始分布均匀，原则上应增加单位面积上的喷淋点数。但是，由于结构的限制，不可能将喷淋点设计得很多，同时，如果喷淋点数过多，每股液流的流量过小，难以保证均匀分配。此外，不同填料对液体均匀分布的要求也有差别，如高效填料因流体不均匀分布对效率的影响十分敏感。故应有较严格的均匀分布要求。

常用填料的喷淋点数可参照下列标准：

$D \approx 400mm$ 时，每 $30cm^2$ 塔截面设一个喷淋点；

$D \approx 750mm$ 时，每 $60cm^2$ 塔截面设一个喷淋点；

$D \approx 1200mm$ 时，每 $240cm^2$ 塔截面设一个喷淋点。

波纹填料效率较高，对液体的分布要求也较高，依据波纹填料的效率高低及液量大小，按每 $20\sim50cm^2$ 塔截面设置一个喷淋点。任何程度的壁流都会降低效率，因此在靠近塔壁的 10% 塔径区域内，分布的液量应不超过总液量的 10%。液体分布装置的安装位置通常需要高于填料层表面 150~300mm，以提供足够的自由空间，让上升气流不受约束地穿过分布器。一个理想的液体分布装置应该具备液体分布均匀、自由面积大、操作弹性宽、不易堵塞、装置的部件可通过人孔进行安装拆卸等特性。

目前常用的液体分布装置主要是多孔型、溢流型和冲击型。

(1) 多孔型布液装置

多孔型布液装置借助孔口以上液层产生的静压或管路中泵送压力，迫使液体从小孔流出，注入塔内。液层高度一般宜在 120~150mm 以上，最小流量下的液层高度不应小于 50mm，以防止气体窜入分布器内破坏喷淋操作。

多孔型布液装置能提供足够均匀的液体分布和足够大的气体通道，也可制成多段，便于装拆。其缺点是分布器的小孔易被冲蚀或堵塞，因此要求料液清洁，不含固体颗粒。一般情况下，需在液体进口管路上设置过滤器，多孔型布液装置有以下几种。

① 多孔直管式布液器　多孔直管式布液器可根据液量的大小在直管的下方开 3~5 排小孔，孔径为 3~8mm。这种分布器可用于塔径小于 800mm，液体均布要求不高的场合。

② 多管式布液器　对于喷淋点数不多的小塔，可采用多管式布液器，它结构简单，分布效果好。

③ 排管式布液器　排管式布液器是目前应用最为广泛的分布器之一，液体引入排管式布液器的方式有两种：一是液体从水平主管一侧（或两侧）引入，通过支管上的小孔向填料层喷淋；二是由垂直的中心管引入经水平主管通过支管上的小孔喷淋。

排管式布液器一般设计成可拆卸的，以便通过人孔进行装配，材料多用不锈钢或塑料。在用于较大直径的塔时，由于流体的阻力造成各支管排液量有较大的差别，设计时需注意校正。它的操作弹性较小，一般情况下，最大与最小流量之比为 2.5，当液体负荷较大时需改进结构。

④ 环管式布液器　环管式布液器与排管式相似，按照塔径及液体均布的要求，可分别采用单环管或多环管布液。最外层环管的中心圆直径一般取塔内径的 0.6~0.85 倍。

⑤ 筛孔盘式布液器　筛孔盘式布液器由分布盘及围环组成，可用金属、塑料、陶瓷制造。这种布液器的负荷弹性不大于 4，只用于塔径小于 1200mm 的场合。它提供的自由截面积较小，对气流的阻力大，不宜在大的气流量下操作，故应用范围不如排管式布液器广。

⑥ 莲蓬头布液器　莲蓬头布液器的下方是一个有许多小孔的球面分布器，液体借助泵或高位槽的静压头，经分布器上的小孔喷出，喷洒半径的大小随液体压力和分布器安装高度的不同而异。在压头稳定的场合，可达到较为均匀的喷淋效果。莲蓬头布液器小孔易堵塞，雾沫夹带较严重，必须改变喷淋压头才能改变喷淋量，并且会导致喷洒半径的改变，从而影响预定的液体分布。莲蓬头布液器适用于液体清洁且压头变化不大的情况，一般用于直径 ϕ600mm 以下的设备。

各种多孔型布液装置的具体结构和尺寸可查阅有关资料。

(2) 溢流型布液装置

溢流型布液装置是目前广泛应用的分布器，特别适用于大型填料塔，它的优点是操作弹性大，不易堵塞，操作可靠和便于分块安装等。

溢流型布液装置的工作原理与多孔型不同，进入布液器的液体超过堰口高度时，依靠液体的重量通过堰口流出，并沿着溢流管（槽）壁呈膜状流下，淋洒至填料层上。

① 溢流盘式布液器　溢流盘式布液器由底板、溢流升气管及围环组成，如图 5-13 所示。溢流盘式布液器可用金属、塑料或陶瓷制造，其分布盘内径约为塔内径的 0.8~0.85 倍

（塔径较大时取大值），且保证与塔壁之间有 8~12mm 的间隙。因为溢流盘式布液器的自由截面积较小，只适用于塔径小于 1200mm、气液负荷较小的塔。

② 溢流槽式布液器　溢流槽式布液器的适应性较好，特别适用于大流量操作，一般用于塔径大于 1000mm 的塔。溢流槽式布液器不易堵塞，可处理含固体粒子的液体，其自由截面积大，适应性好，处理量大，操作弹性好，可用金属、塑料或陶瓷制造，如图 5-14 所示。

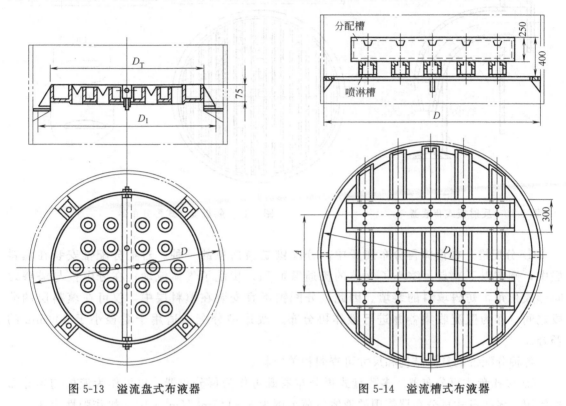

图 5-13　溢流盘式布液器　　　　　图 5-14　溢流槽式布液器

各种溢流型布液装置的具体结构和尺寸可查阅有关资料。

(3) 冲击型布液装置

反射板式布液器即为冲击型布液装置中的一种，它是利用液流冲击反射板的反射飞散作用而分布液体。最简单的反射板为平板，也可以是凸板或锥形板。顺中心管流下的液体，冲击分散为液滴并向各方向飞溅。如图 5-15 所示，反射板中央钻有小孔，使液体得以穿过小孔喷淋到填料的中央部分，为了使飞溅更为均匀，可由几个反射板组成宝塔式布液器，宝塔式布液器的优点是喷洒半径大（可达 3000mm），液体流量大，结构简单，不易堵塞；缺点是改变液体流量或压头会影响喷淋半径，因此必须在恒定情况下操作。

5.6.3　液体再分布装置

为了减少塔内液流的塔壁效应，填料需分层，相邻两层填料之间要设液体再分布装置。

液体再分布装置的结构设计与液体分布装置相同，但需配有适应的液体收集装置。在设计液体再分布装置时，应尽量少占用塔的有效高度；再分布装置的自由截面积不能过小，约等于填料的自由截面积，否则将会使压降增大；要求结构既简单又可靠，能承受气、液流体的冲击，便于拆装。

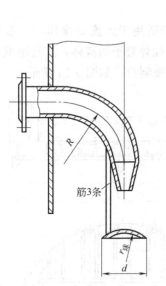
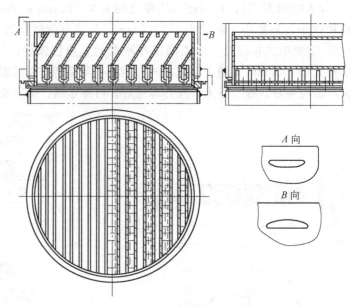

图 5-15　反射板式布液器　　　　　图 5-16　斜板复合式再分布器

① 分配锥　在液体再分布装置中，分配锥是最简单的一种。若把分配锥安装在填料层中，则有以下缺点：缩小了气体的流通截面积，扰乱了气体流动；在分配锥与塔壁之间形成死角，妨碍填料的装填。因此，分配锥不宜安装在填料层中，仅可在填料层的分段之间，作为壁流收集器并进行液体再分布。改进型分配锥适用于塔径小于 600mm 的场合。

各种分配锥的具体结构和尺寸可查阅相关资料。

② 多孔盘式再分布器　多孔盘式再分布器既可作为再分布器，也可作为液体初始分布器使用。多孔盘式再分布器使用的液体负荷范围为 $8\sim145\text{m}^3/(\text{m}^2\cdot\text{h})$，操作弹性为 3。

其具体结构可查阅有关资料。

③ 斜板复合式再分布器　斜板复合式再分布器把支承板、收集器、再分布器结合在一起，可以减小塔的高度。其导流-集液板同时当作支承板使用，而分布槽既是收集器又是再分布器。汇集于环形槽中的壁流液体，从圆筒上开孔流入分布槽，与由斜板导入分布槽的液体一起，通过槽底的分布孔重新分布。如图 5-16 所示，当液体负荷较大时，分布槽内的溢流管也参加工作，从而适应较大的液体流量变化，同时又增加了液体的喷淋点数，因而能取得较好的分布效果。

该装置结构高度较低，液体的均匀性能好，导流-集液板的上、下板均能作液体导流，无论在大流量还是小流量下均适用，操作弹性大，适应性好，因此，该装置特别适宜在液体负荷变化较大的场合下使用。具体结构尺寸可查阅有关资料。

5.6.4　填料压板及床层限制板

为使填料塔有较高的效率，对任何一个填料塔，均需安装填料压板或床层限制板。一般情况下，对陶瓷填料需安装填料压板，对金属或塑料填料需安装床层限制板。

填料压板凭借自身重量达到限制填料的目的，故无须固定于塔壁。压板的重量要适当，既不能压碎填料，又要能起到限制作用。设计中，为防止在填料压紧装置处压降过大甚至发生液泛，要求填料压紧装置的自由截面积应大于70%。

床层限制板的重量较轻，它固定在塔壁上，对填料层起限制作用。安装时位置要准确，在确保限位的情况下，不应对填料层施加过大的附加载荷。

(1) 填料压板

① 栅条压板　栅条压板与支承栅板结构相同，为了防止填料通过，栅条间距取为填料直径的0.6~0.8，结构和尺寸可参照支承栅板，但重量需满足压板要求，否则应采取增加栅条高度、厚度或附加荷重等方法解决。栅条压板的优点是结构简单、制造方便。

② 丝网压板　用金属丝编织成的大孔金属网与扁钢圈焊接而成的丝网压板，在扁钢圈外围下侧焊以限位台肩，利用焊接在塔壁上的限位板来控制压板的上限位置，但压板不可固定在塔壁上。网孔尺寸的选择，需使最小填料不能通过，压板外径比塔内径小10~20mm，为便于安装拆卸，可制成分块结构，各分块装入塔内后，用螺栓连成一体。丝网压板的空隙率较大，一般用于直径1200mm以下的塔。当塔径较大时，需加压铁才能起到压板的作用。

(2) 床层限制板

床层限制板与压板结构类似，但重量较轻。床层限制板必须固定于塔壁上，否则将失去作用。当塔径$D \leqslant 1200$mm时，床层限制板的外径比塔的内径小10~15mm；当塔径$D \geqslant 1200$mm时，限制板外径比塔径小25~38mm。床层限制板也可以用塑料制成。

5.6.5　气体的入塔分布结构

设计位于塔底的进气管时，主要考虑三个原则：能防止淋下的液体进入管中；压降要小；气体分布要均匀。入塔气体的均匀分布程度主要取决于气体通过填料层的压降与输入气体动压头之比，比值愈大，愈有利于均匀分布。

填料塔的气体进口既要防止液体倒灌，更要有利于气体的均匀分布。对直径500mm以下的小塔，常使进气管伸至塔截面的中心位置，管端切成45°向下倾斜的切口或做成向下的喇叭口可使进气管伸到塔中心位置；对直径1500mm以上的大塔，气体入口管末端可做成多孔直管式或多孔盘管式，且一般采用两个以上的进气口。

常压塔气体进出口管气速可取10~20m/s（高压塔气速低于此值）；液体进出口管气速可取0.8~1.5m/s（必要时可加大些）。

5.6.6　除沫器的设置

除沫器的作用是除去由填料层顶部逸出气（汽）体中夹带的液滴，安装在液体分布器上方。当塔内气速较高，液沫夹带较严重，或者工艺过程不允许出塔气体夹带雾滴的情况下，需设置除沫器，从而减少液体的损失，确保气体的纯度，保证后续设备的正常操作。当塔内气速不大，工艺过程无严格要求时，可不设除沫器。

除沫器种类很多，常见的有折板除沫器、丝网除沫器、旋流板除沫器等。折板除沫器阻力较小（50~100Pa），只能除去50μm以上的液滴。丝网除沫器由金属丝或塑料丝编结而成，可除去5μm的微小液滴，压降不大于250Pa，但造价较高。旋流板除沫器压降在300Pa以下，造价比丝网除沫器便宜，除沫效果比折板除沫器好。

5.7 输送设备

5.7.1 风机

风机的作用是将混合气体送入填料塔。风机做功主要是用来克服气流通过填料层的阻力。设计时，可将混合气体通过气体进出口、填料支承装置、液体再分布器等处的阻力损失视为局部阻力损失，然后将其折算为气流通过填料层的压降，再求算风机的功率。

5.7.2 输液泵

吸收系统中，一般均采用泵将吸收剂由贮槽送至塔顶喷淋。吸收剂的输送量 q_V 在物料衡算时即已确定。于贮槽液面至喷淋装置出口间列伯努利方程式即可求出输送 1kg 吸收剂所需外功，此功应包括系统内流体动能、位能、静压能的变化及流体流经管路系统的阻力损失。计算时有关参数的选择原则如下。

① 按吸收剂在管道内的适宜流速为 1~3m/s 进行计算，然后按标准规格套级确定管径，并验算其实际流速。常与设备接管直径相同。

② 管壁的粗糙度根据管材和吸收剂的腐蚀性合理选取。

③ 在未进行完整的管路布置设计的情况下，可取管长为 $l=(2.5\sim3)Z$（Z 为填料塔高度）。

④ 阀门、弯头等管件、阀件的数目及类型可依流程图确定，或取计算长度 $(l+\sum l_e)$ 为 $(1.3\sim2)l$。

⑤ 莲蓬头喷淋装置的阻力损失可按如下原则考虑：流体入塔前的压力与塔内操作的压力之差 Δp 可取 9.8~98kPa。

根据上述原则选取了有关参数之后，即可计算吸收剂在输送过程中的阻力损失，从而确定泵的压头，进而计算泵的轴功率。

5.8 填料塔设计示例

以下给出水吸收 SO_2 过程填料塔的设计示例。

【设计任务】▶▶▶

设计日处理量为 $5.4\times10^4 m^3$ 水吸收 SO_2 过程的填料塔。

【基本要求】▶▶▶

废气中 SO_2 含量为 11%（体积分数，下同）；SO_2 回收率不低于 96%。

【设计过程】▶▶▶

1. 确定工艺流程及吸收剂

以水为吸收剂，在 25℃、常压下逆流吸收。

2. 确定物系的气液平衡关系

(1) 液相物性参数

25℃条件下，水的物性参数如下：

密度 $\rho_L = 997.08 \text{kg/m}^3$；黏度 $\mu_L = 8.90 \times 10^{-4} \text{Pa·s}$；表面张力 $\sigma_L = 71.97 \times 10^{-3} \text{N/m}$；$SO_2$ 在水中的扩散系数 $D_L = 1.47 \times 10^{-5} \text{cm}^2/\text{s}$

(2) 气相物性参数

混合气体的平均摩尔质量 $M_G = 0.11 \times 64.06 + 0.89 \times 29 = 32.86$

混合气体的平均密度 $\rho_G = \dfrac{pM_G}{RT} = 101.325 \times 32.86 \div (8.314 \times 298) = 1.344 \text{kg/m}^3$

混合气体与空气黏度的数值类似，查手册得 25℃ 空气的黏度为 $\mu_G = 1.81 \times 10^{-5} \text{Pa·s}$

SO_2 在空气中的扩散系数 $D_G = 0.108 \times 10^{-4} \text{m}^2/\text{s}$

(3) 气液两相平衡时的数据

查得常压下 25℃ 时 SO_2 在水中的亨利系数为 $E = 4.13 \times 10^3 \text{kPa}$

相平衡常数为 $m = E/p = 4.13 \times 10^3 \div 101.325 = 40.76$

平衡关系为 $Y^* = mX = 40.76X$

3. 确定吸收剂的耗用量

由全塔物料衡算求得吸收剂用量，即
$$L = G(Y_1 - Y_2)/(X_1 - X_2)$$

其中 $G = 5.4 \times 10^4 \div 24 \times 1.344 \div 32.86 \times (1 - 0.11) = 81.90 \text{kmol/h}$

$Y_1 = 0.11/(1 - 0.11) = 0.124$

$Y_2 = Y_1(1 - \varphi_A) = 0.124 \times (1 - 0.96) = 0.00496$

$X_1^* = Y_1/m = 0.124/40.76 = 0.00304$

吸收剂为清水，则 $X_2 = 0$

由
$$\left(\dfrac{L}{G}\right)_{\min} = \dfrac{Y_1 - Y_2}{X_1^* - X_2}$$

可得 $(L/G)_{\min} = 39.16$

取操作液气比为最小液气比的 1.2 倍，可得
$$L/G = 1.2(L/G)_{\min} = 46.99$$
$$L = 46.99 \times 81.90 = 3848.48 \text{kmol/h}$$

计算得到 $X_1 = 0.00253$

4. 选择填料类型及规格

综合考虑价格、物系、性能等因素，选用 DN38 聚丙烯塑料阶梯环填料。规格参数如下：

填料直径 $d = 38 \text{mm}$；比表面积 $a_t = 132.5 \text{m}^2/\text{m}^3$；填料因子 $\Phi = 170 \text{m}^{-1}$；临界张力 $\sigma_C = 427680 \text{kg/h}$

5. 泛点气速与塔径计算

采用埃克特（Eckert）通用关联图求取泛点气速，其液相质量流量按纯水计算
$$W_L = LM_{H_2O} = 3848.48 \times 18.02 = 6.93 \times 10^4 \text{kg/h}$$

气相质量流量为
$$W_G = V_s \rho_G = 5.4 \times 10^4/24 \times 1.344 = 3.02 \times 10^3 \text{kg/h}$$

Eckert通用关联图的横坐标为
$$W_L/W_G(\rho_G/\rho_L)^{0.5}=0.84$$
查埃克特（Eckert）通用关联图得纵坐标为 0.024。

选用的填料为塑料阶梯环，可由埃克特（Eckert）通用关联图纵坐标公式计算得到泛点气速为 $u_F=0.90\text{m/s}$。

一般取空塔气速为泛点气速的 0.5~0.85 倍，此处取 0.8，可得 $u=0.8u_F=0.72\text{m/s}$。

由塔径计算公式
$$D=\sqrt{\frac{4V_s}{\pi u}}$$

可得 $D=1.052\text{m}$，圆整取塔径为 1.1m。

核算气速
$$u=4V_s/(\pi D^2)=4\times2250/(3600\times3.14\times1.1^2)=0.66\text{m/s}$$

$u/u_F=0.66/0.90=0.73$，在 0.5~0.85 范围内，符合要求。

填料规格校核

$D/d=1.1\times10^3/38=28.95>10$，符合要求。

核算喷淋密度

最小喷淋密度为 $U_{\min}=(L_W)_{\min}a_t$，已查得 $a_t=132.5\text{m}^2/\text{m}^3$。

对于直径小于75mm的环形填料，必须使湿润率最小值 $(L_W)_{\min}\geqslant0.08$，因此可得最小喷淋密度为
$$U_{\min}=0.08\times132.5=10.6\text{m}^3/(\text{m}^2\cdot\text{h})$$

喷淋密度为 $U=4W_L/(\pi D^2\rho_L)=6.92\times10^4\div(0.785\times1.1^2\times997.08)=73.02\text{m}^3/(\text{m}^2\cdot\text{h})>U_{\min}$

故满足喷淋密度要求，经校核可知所选填料塔的直径大小合理。

6. 塔高的计算

前述计算已获得的数据

$X_1=0.00253$；$Y_1=0.124$；$X_2=0$；$Y_2=0.00496$；$G=81.90\text{kmol/h}$；$L=3848.48\text{kmol/h}$；$m=40.76$；$W_L=6.93\times10^4\text{kg/h}$；$W_G=3.02\times10^3\text{kg/h}$；$a_t=132.5\text{m}^2/\text{m}^3$；$D=1.1\text{m}$。

(1) 传质单元数
$$Y_1^*=mX_1=40.76\times0.00253=0.103$$
$$Y_2^*=mX_2=0$$

解吸因数为
$$S=mG/L=40.76\times81.90/3848.48=0.87$$

气相总传质单元数为
$$N_{OG}=\frac{1}{1-S}\ln\left[(1-S)\frac{Y_1-mX_2}{Y_2-mX_2}+S\right]$$

得到 $N_{OG}=10.89$

(2) 传质单元高度　采用修正的恩田关联式计算气相总传质单元高度

$$\frac{a}{a_t}=1-\exp\left[-1.45\left(\frac{\sigma_C}{\sigma}\right)^{0.75}Re_L^{0.1}Fr_L^{-0.05}We_L^{0.2}\right]$$

其中
$$Re_L=\frac{L}{a_t\mu_L};Fr_L=\frac{L^2a_t}{\rho_L^2g};We_L=\frac{L^2}{\rho_L\sigma a_t}$$

可查得临界表面张力值为
$$\sigma_C=33\times10^{-3}\text{N/m}$$
$$\sigma=72.67\times10^{-3}\text{N/m}$$

液体的质量通量为
$$L=4W_L/(\pi D^2)=7.296\times10^4\text{kg/(m}^2\cdot\text{h)}$$

得到
$$a/a_t=0.33$$
$$a=0.33a_t=43.72\text{m}^2/\text{m}^3$$

气体的质量通量为
$$G=4W_G/(\pi D^2)=3.179\times10^3\text{kg/(m}^2\cdot\text{h)}$$

气膜的传质系数为
$$k_G=0.237\Psi^{1.1}\left(\frac{G}{a_t\mu_G}\right)^{0.7}\left(\frac{\mu_G}{\rho_G D_G}\right)^{1/3}\left(\frac{a_t D_G}{RT}\right)$$

式中，Ψ 为填料的形状系数。可查得 $\Psi=1.45$，代入数据得到
$$k_G=4.74\times10^{-2}\text{kmol/(m}^2\cdot\text{h}\cdot\text{kPa)}$$
$$k_G a_t=k_G a=2.07\text{kmol/(m}^3\cdot\text{h}\cdot\text{kPa)}$$

液膜的传质系数为
$$k_L=0.0095\left(\frac{L}{a\mu_L}\right)^{2/3}\left(\frac{\mu_L}{\rho_L D_L}\right)^{-1/2}\left(\frac{\mu_L g}{\rho_L}\right)^{1/3}\Psi^{0.4}$$

代入数据得到
$$k_L=2.05\text{m/h}$$
$$k_L a_t=k_L a=89.63\text{h}^{-1}$$

溶解度系数
$$H=C/E=\frac{\rho_L}{M_L\times4.13\times10^3}=1.340\times10^{-2}\text{kmol/(m}^3\cdot\text{kPa)}$$

$$K_G a=\frac{1}{\dfrac{1}{k_G a}+\dfrac{1}{k_L aH}}=0.76\text{kmol/(m}^3\cdot\text{h}\cdot\text{kPa)}$$

$$H_{OG}=\frac{G}{K_Y a\Omega}=\frac{G}{K_G ap\Omega}=81.90/[0.76\times101.325\times3.14\times(1.1/2)^2]=1.12\text{m}$$

(3) 填料层高度的计算
$$Z=H_{OG}N_{OG}=1.12\times10.89=12.20\text{m}$$

为了保证工程的可靠性，一般实际填料层高度为 $Z'=(1.2\sim1.5)Z$，取安全系数 1.25，得到填料层高度为 $Z'=15.2\text{m}$，取设计值 16m。

阶梯环的填料，$h/D=8\sim15$，$h_{\max}\leqslant6\text{m}$，填料层需要分三段。

(4) 填料塔高度的计算　塔的总高度为填料层高度加上各附属部件的高度及塔顶、塔底的空间高度。

塔顶高度一般取 1.2～1.5m，此处取 1.2m；塔底液面到填料层底部之间的高度根据设计要求取 1.4m。

塔底料液的高度，一般可取液体停留时间 3～5min。以 3min 考虑，则塔釜液所占空间高度为

$$V_s = W_L/(\rho_L \times 3600) = 6.93 \times 10^4 \div (997.08 \times 3600) = 0.019 \text{m}^3/\text{s}$$

$$h_1 = 3 \times 60 V_s/(\pi D^2/4) = 3.6 \text{m}$$

塔高为 $H = 16 + 1.2 + 1.4 + 3.6 = 22.2 \text{m}$

7. 塔内流体阻力计算

常采用埃克特（Eckert）通用关联图来计算填料塔的压降，可知横坐标为：

$$W_L/W_G(\rho_G/\rho_L)^{0.5} = 0.84$$

纵坐标为：

$$\frac{u^2 \Phi \phi}{g}\left(\frac{\rho_G}{\rho_L}\right)\mu_L^{0.2} = 6.94 \times 10^{-3}$$

查埃克特（Eckert）通用关联图得 $\Delta p/Z = 11 \times 9.81 \text{Pa/m}$

可得填料层压降为 $\Delta p = 11 \times 9.81 \times 16 = 1726.56 \text{Pa}$

填料塔附属部分的计算及选用此处略。

附录

附录 1　板式塔塔板结构参数

1.1　单流型整块式塔板的堰长、弓形宽及降液管总面积的推荐值

D	D_1	参数	l_w/D_1					塔板结构型式
			0.6	0.65	0.7	0.75	0.8	
300	274	l_w W_d A_f A_f/A_T	164.4 21.4 20.9 0.0296	178.1 26.9 29.2 0.0413	191.8 33.2 39.7 0.0562	205.5 40.4 52.8 0.0747	219.2 48.8 69.3 0.0980	定距管支撑式
350	324	l_w W_d A_f A_f/A_T	194.4 26.4 31.1 0.0323	210.6 32.9 43 0.0447	225.8 40.3 57.9 0.0602	243 48.8 76.4 0.0794	259.2 58.8 100 0.1085	
400	374	l_w W_d A_f A_f/A_T	224.4 31.4 43.4 0.0345	243.1 38.9 59.6 0.0474	261.8 47.5 79.8 0.0635	280.5 57.3 104.7 0.0833	299.2 68.8 136.3 0.1085	
450	424	l_w W_d A_f A_f/A_T	254.4 36.4 57.7 0.0363	275.6 44.9 78.8 0.0495	296.8 54.6 104.7 0.0658	318 65.8 137.3 0.0863	339.2 78.8 178.1 0.1120	
500	474	l_w W_d A_f A_f/A_T	284.4 41.4 74.3 0.0378	308.1 50.9 100.6 0.0512	331.8 61.8 33.4 0.0379	255.5 74.2 174 0.0886	379.2 88.8 225.5 0.1148	整块式塔板
600	568	l_w W_d A_f A_f/A_T	340.8 50.8 110.7 0.0392	369.2 62.2 148.8 0.0526	397.6 75.2 196.4 0.0695	426 90.1 255.4 0.0903	454.4 107.6 329.7 0.1166	
700	668	l_w W_d A_f A_f/A_T	400.8 60.8 157.5 0.0409	434.2 74.2 210.9 0.0719	467.6 75.2 196.4 0.0695	501 107 358.9 0.0903	534.4 127.6 462.7 0.1202	重叠式
800	768	l_w W_d A_f A_f/A_T	460.8 70.8 212.3 0.0422	499.2 86.2 283.2 0.0563	537.6 102.8 371.2 0.0738	576 124 480.3 0.0956	614.4 147.6 617.2 0.1228	
900	868	l_w W_d A_f A_f/A_T	520.8 80.8 275.1 0.0432	564.2 98.2 366.6 0.0576	607.6 118.1 479.4 0.0754	651 140.9 619.2 0.0973	694.4 167.6 794.8 0.1249	

注：D_1——碳钢塔板塔板圈内径，mm；D——塔内径，mm；l_w——堰长，mm；A_f——降液管总面积，cm^2；A_T——塔截面积，cm^2；W_d——弓形宽，W_d 值按塔板圈内壁至降液管内壁的距离为 6mm 计算而得，mm。

1.2 分块式单流型塔板的堰长、弓形宽及降液管总面积的推荐值

塔径 D	参数	l_w/D									
		0.592	0.655	0.68	0.705	0.727	0.745	0.764	0.78	0.809	0.837
		A_f/A_T									
		5%	7%	8%	9%	10%	11%	12%	13%	15%	17%
800	l_w	474	524	544	564	582	596	611	624	648	670
	W_d	78	98	107	116	124	134	142	150	166	181
	A_f	251.3	351.8	402.1	452.3	502.7	552.9	603.2	653.5	754	854.5
1000	l_w	592	655	680	705	727	745	764	780	810	837
	W_d	97	122	134	146	155	167	178	188	207	226
	A_f	392.7	549.5	628.3	706.9	785.4	863.9	942.4	1021	1178.1	1335.2
1200	l_w	711	786	816	846	872	894	917	936	972	1064
	W_d	117	147	161	175	186	200	214	226	248	271
	A_f	565.5	791.7	904.8	1917.9	1131	1244.1	1357.2	1470.3	1696.5	1922.7
1400	l_w	829	917	952	987	1018	1043	1069	1092	1134	1171.8
	W_d	136	171	188	204	217	234	249	263	290	316
	A_f	769.7	1007.6	1231.5	1385.4	1539.4	1693.3	1847.3	2001.2	2309.7	2617
1600	l_w	947	1048	1088	1128	1163	1192	1222	1248	1296	1339
	W_d	156	196	214	233	246	267	285	301	331	362
	A_f	1005.3	1407.4	1608.4	1809.5	2010.6	2211.7	2412.7	2613.8	3015.9	3418
1800	l_w	1066	1179	1224	1269	1309	1341	1375	1404	1458	1507
	W_d	175	220	241	262	279	301	320	338	373	407
	A_f	1272.3	1781.3	2035.7	2290.2	2544.7	2799.2	3053.6	3308.1	3817	4325.9
2000	l_w	1184	1310	1360	1410	1454	1490	1528	1560	1620	1674
	W_d	175	245	368	291	310	334	350	376	414	452
	A_f	1570.8	2199	2513.3	2827.4	3141.6	3455.8	3769.9	4084.1	4712.4	5354
2200	l_w	1303	1441	1496	1551	1599	1639	1682	1716	1782	1841
	W_d	214	269	295	320	341	367	392	414	455	497
	A_f	1900.7	2660.9	3041.1	3421.2	3801.3	4181.5	4561.6	4941.7	5702	6462.3
2400	l_w	1421	1572	1632	1697	1745	1788	1834	1872	1944	2009
	W_d	234	294	322	349	372	401	427	451	497	542
	A_f	2261.9	3166.7	3619.1	4071.5	4523.9	4976.3	5428.7	5881.1	6785.8	7690.6

注：表中符号意义同前。

附录2 压力容器常用零部件

2.1 筒体

按 GB/T 9019—2015《压力容器公称直径》，筒体用钢板卷制时，公称直径按下表确定，此公称直径指筒体的内径。

公称直径									
300	350	400	450	500	550	600	650	700	750
800	850	900	950	1000	1100	1200	1300	1400	1500
1600	1700	1800	1900	2000	2100	2200	2300	2400	2500
2600	2700	2800	2900	3000	3100	3200	3300	3400	3500
3600	3700	3800	3900	4000	4100	4200	4300	4400	4500
4600	4700	4800	4900	5000	5100	5200	5300	5400	5500
5600	5700	5800	5900	6000	6100	6200	6300	6400	6500

2.2 平焊法兰（摘自 GB 9124.1—2019）

平焊法兰结构见图1、图2。

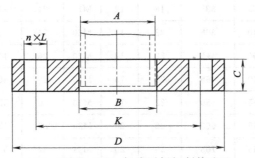

图1 平面（FF）板式平焊钢制管法兰

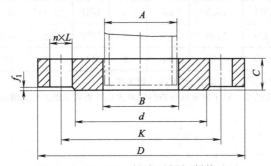

图2 突面（RF）板式平焊钢制管法兰

(1) PN2.5 板式平焊钢制管法兰

公称尺寸 DN	钢管外径 A/mm		连接尺寸					法兰厚度 C/mm	密封面		法兰内径 B/mm	
			法兰外径 D/mm	螺栓孔中心圆直径 K/mm	螺栓孔直径 L/mm	螺栓						
	系列Ⅰ	系列Ⅱ				数量 n/个	螺纹规格		d/mm	f_1/mm	系列Ⅰ	系列Ⅱ
10	17.2	14	75	50	11	4	M10	12	35	2	18.0	15
15	21.3	18	80	55	11	4	M10	12	40	2	22.0	19
20	26.9	25	90	65	11	4	M10	14	50	2	27.5	26
25	33.7	32	100	75	11	4	M10	14	60	2	34.5	33
32	42.4	38	120	90	14	4	M12	16	70	2	43.5	39
40	48.3	45	130	100	14	4	M12	16	80	3	49.5	46
50	60.3	57	140	110	14	4	M12	16	90	3	61.5	59
65	73.0	76	160	130	14	4	M12	16	110	3	75.0	78
80	88.9	89	190	150	18	4	M16	18	128	3	90.5	91
100	114.3	108	210	170	18	4	M16	18	148	3	116.0	110
125	141.3	133	240	200	18	8	M16	20	178	3	143.5	135
150	168.3	159	265	225	18	8	M16	20	202	3	170.5	161
200	219.1	219	320	280	18	8	M16	22	258	3	221.5	222
250	273.0	273	375	335	18	12	M16	24	312	3	276.5	276
300	323.9	325	440	395	22	12	M20	24	365	4	327.5	328
350	355.6	377	490	445	22	12	M20	26	415	4	359.5	380
400	406.4	426	540	495	22	16	M20	28	465	4	411.0	430
450	457	480	595	550	22	16	M20	30	520	4	462.0	484
500	508	530	645	600	22	20	M20	30	570	4	513.5	534
600	610	630	755	705	26	20	M24	32	670	5	616.5	634
700	711	720	860	810	26	24	M24	40(36)a	775	5	715	724
800	813	820	975	920	30	24	M27	44(38)a	880	5	817	824
900	914	920	1075	1020	30	24	M27	48(40)a	980	5	918	924
1000	1016	1020	1175	1120	30	28	M27	52(42)a	1080	5	1020	1024
1200	1219	1220	1375	1320	30	32	M27	60(44)a	1280	5	1223	1224

注：公称尺寸 DN10~DN1000 的法兰使用 PN6 法兰的尺寸。
a 括号内为原标准法兰厚度尺寸，对于原有设备或供需双方认可仍可采用括号内的法兰厚度尺寸。

(2) PN6 板式平焊钢制管法兰

公称尺寸 DN	钢管外径 A/mm		连接尺寸					法兰厚度 C/mm	密封面		法兰内径 B/mm	
			法兰外径 D/mm	螺栓孔中心圆直径 K/mm	螺栓孔直径 L/mm	螺栓						
	系列Ⅰ	系列Ⅱ				数量 n/个	螺纹规格		d/mm	f_1/mm	系列Ⅰ	系列Ⅱ
10	17.2	14	75	50	11	4	M10	12	35	2	18.0	15
15	21.3	18	80	55	11	4	M10	12	40	2	22.0	19
20	26.9	25	90	65	11	4	M10	14	50	2	27.5	26
25	33.7	32	100	75	11	4	M10	14	60	2	34.5	33
32	42.4	38	120	90	14	4	M12	16	70	2	43.5	39
40	48.3	45	130	100	14	4	M12	16	80	3	49.5	46
50	60.3	57	140	110	14	4	M12	16	90	3	61.5	59
65	73.0	76	160	130	14	4	M12	16	110	3	75.0	78
80	88.9	89	190	150	18	4	M16	18	128	3	90.5	91
100	114.3	108	210	170	18	4	M16	18	148	3	116.0	110
125	141.3	133	240	200	18	8	M16	20	178	3	143.5	135
150	168.3	159	265	225	18	8	M16	20	202	3	170.5	161
200	219.1	219	320	280	18	8	M16	22	258	3	221.5	222
250	273.0	273	375	335	18	12	M16	24	312	3	276.5	276
300	323.9	325	440	395	22	12	M20	24	365	4	327.5	328
350	355.6	377	490	445	22	12	M20	26	415	4	359.5	380
400	406.4	426	540	495	22	16	M20	28	465	4	411.0	430
450	457	480	595	550	22	16	M20	30	520	4	462.0	484
500	508	530	645	600	22	20	M20	30	570	4	513.5	534
600	610	630	755	705	26	20	M24	32	670	5	616.5	634
700	711	720	860	810	26	24	M24	40	775	5	715	724
800	813	820	975	920	30	24	M27	44	880	5	817	824
900	914	920	1075	1020	30	24	M27	48	980	5	918	924
1000	1016	1020	1175	1120	30	28	M27	52	1080	5	1020	1024
1200	1219	1220	1405	1340	33	32	M30	60	1295	5	1223	1224
1400	1422	1420	1630	1560	36	36	M33	72(68)[a]	1510	5	1426	1424
1600	1626	1620	1830	1760	36	40	M33	80(76)[a]	1710	5	1630	1624
1800	1829	1820	2045	1970	39	44	M36	88(84)[a]	1920	5	1833	1824
2000	2032	2020	2265	2180	42	48	M39	96(92)[a]	2125	5	2036	2024

[a] 括号内为原标准法兰厚度尺寸，对于原有设备或供需双方认可仍可采用括号内的法兰厚度尺寸。

（3）PN10 板式平焊钢制管法兰

公称尺寸 DN	钢管外径 A/mm		连接尺寸					法兰厚度 C/mm	密封面		法兰内径 B/mm	
			法兰外径 D/mm	螺栓孔中心圆直径 K/mm	螺栓孔直径 L/mm	螺栓						
	系列Ⅰ	系列Ⅱ				数量 n/个	螺纹规格		d/mm	f_1/mm	系列Ⅰ	系列Ⅱ
10	17.2	14	90	60	14	4	M12	14	40	2	18.0	15
15	21.3	18	95	65	14	4	M12	14	45	2	22.0	19
20	26.9	25	105	75	14	4	M12	16	58	2	27.5	26
25	33.7	32	115	85	14	4	M12	16	68	2	34.5	33
32	42.4	38	140	100	18	4	M16	18	78	2	43.5	39
40	48.3	45	150	110	18	4	M16	18	88	3	49.5	46
50	60.3	57	165	125	18	4	M16	20	102	3	61.5	59
65	73.0	76	185	145	18	8[a]	M16	20	122	3	75.0	78
80	88.9	89	200	160	18	8	M16	20	138	3	90.5	91
100	114.3	108	220	180	18	8	M16	22	158	3	116.0	110
125	141.3	133	250	210	18	8	M16	22	188	3	143.5	135
150	168.3	159	285	240	22	8	M20	24	212	3	170.5	161
200	219.1	219	340	295	22	8	M20	24	268	3	221.5	222
250	273.0	273	395	350	22	12	M20	26	320	3	276.5	276
300	323.9	325	445	400	22	12	M20	26	370	4	327.5	328
350	355.6	377	505	460	22	16	M20	30	430	4	359.5	381
400	406.4	426	565	515	26	16	M24	32	482	4	411.0	430
450	457	480	615	565	26	20	M24	36	532	4	462.0	485
500	508	530	670	620	26	20	M24	38	585	4	513.5	535
600	610	630	780	725	30	20	M27	42	685	5	616.5	636
700	711	720	895	840	30	24	M27	50	800	5	715	724
800	813	820	1015	950	33	24	M30	56	905	5	817	824
900	914	920	1115	1050	33	28	M30	62	1005	5	918	924
1000	1016	1020	1230	1160	36	28	M33	70	1110	5	1020	1024
1200	1219	1220	1455	1380	39	32	M36	83	1330	5	1223	1224
1400	1422	1420	1675	1590	42	36	M39	90[b]	1535	5	1426	1424
1600	1626	1620	1915	1820	48	40	M45	100[b]	1760	5	1630	1624
1800	1829	1820	2115	2020	48	44	M45	110[b]	1960	5	1833	1824
2000	2032	2020	2325	2230	48	48	M45	120[b]	2170	5	2036	2024

注：公称尺寸 DN10～DN40 的法兰使用 PN40 法兰的尺寸；公称尺寸 DN50～DN150 的法兰使用 PN16 法兰的尺寸。

a 对于铸铁法兰和铜合金法兰，该规格的法兰可能是 4 个螺栓孔的，因此，当制造厂和用户协商同意后，与铸铁法兰和铜合金法兰配对使用的钢制法兰可以采用 4 个螺栓孔。

b 用户可以根据计算确定法兰厚度。

2.3 椭圆形封头（摘自 GB/T 25198—2010）

DN 2000mm，$\delta_n=20$mm，材质为 16MnR 的标准椭圆形封头可标记为：EHA2000×20—16MnR GB/T 21598—2010。

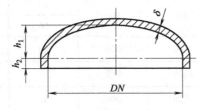

以内径为公称直径的封头

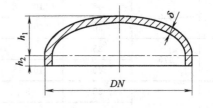

以外径为公称直径的封头

单位：mm

公称直径 DN	曲面高度 h_1	直边高度 h_2	厚度 δ	公称直径 DN	曲面高度 h_1	直边高度 h_2	厚度 δ
300	75	25	4～8			25	4～8
350	88	25	4～8	900	225	40	10～18
400	100	25	4～8			50	20～28
		40	10～16			25	4～8
450	112	25	4～8	1000	250	40	10～18
		40	10～18			50	20～30
		25	4～8			25	6～8
500	125	40	10～18	1100	275	40	10～18
		50	20			25	6～8
		25	4～8	1200	300	40	10～18
550	137	40	10～18			50	20～34
		50	20～22			25	6～8
		25	4～8	1300	325	40	10～18
600	150	40	10～18			50	20～24
		50	20～24			25	6～8
		25	4～8	1400	350	40	10～18
650	162	40	10～18			50	20～38
		50	20～24			25	6～8
		25	4～8	1500	375	40	10～18
700	175	40	10～18			50	20～24
		50	20～24			25	6～8
		25	4～8	1600	400	40	10～18
750	188	40	10～18			50	20～42
		50	20～26			25	8
		25	4～8	1700	425	40	10～18
800	200	40	10～18			50	20～24
		50	20～26	1800	450	25	8

附录

续表

以内径为公称直径的封头

公称直径 DN	曲面高度 h_1	直边高度 h_2	厚度 δ	公称直径 DN	曲面高度 h_1	直边高度 h_2	厚度 δ
1800	450	40	10~18	3200	800	40	14~18
		50	20~50			50	20~42
1900	475	25	8	3400	850	50	12~38
		40	10~18	3500	875	50	20~36
2000	500	25	8	3600	900	50	20~36
		40	10~18	3800	950	50	12~38
		50	20~50				
2100	525	40	10~14	4000	1000	50	12~38
2200	550	25	8,9	4200	1050	50	20~38
		40	10~18	4400	1100	50	20~38
		50	20~50	4500	1125	50	20~38
2300	575	40	10~14	4600	1150	50	20~38
2400	600	40	10~18	4800	1200	50	20~38
		50	20~50				
2500	625	40	12~18	5000	1250	50	20~38
		50	20~50	5200	1300	50	20~38
2600	650	40	12~18	5400	1350	50	20~38
		50	20~50	5500	1375	50	20~38
2800	700	40	12~18	5600	1400	50	20~38
		50	20~50	5800	1450	50	20~38
3000	750	40	12~18	6000	1500	50	20~38
		50	20~46				

以外径为公称直径的封头

159	40	25	4~8	325	81	25	8
219	55	25	4~8			40	10~12
273	68	25	4~8	377	94	40	10~14
		40	10~12	426	106	40	10~14

注：厚度 δ 系列 4~50 之间为 2 进位。

附录 3 钢管规格

3.1 输送流体用无缝钢管规格

热轧（挤压、扩）钢管的外径和壁厚

外径/mm	壁厚/mm
	2.5, 3, 3.5, 4, 4.5, 5, 5.5, 6, 6.5, 7, 7.5, 8, 8.5, 9, 9.5, 10, 11, 12, 13, 14, 15, 16, 17, 18, 19, 20, 22, (24), 25, (26), 28, 30, 32, (34), (35), 36
32	
38	
42	
45	
50	
54	
57	
60	
63.5	
68	
70	
73	
76	
83	
89	
95	
102	
108	
114	
121	
127	
133	
140	
146	
152	
159	
168	
180	
194	
203	
219	

外径/mm	壁厚/mm																														
	2.5	3	3.5	4	4.5	5	5.5	6	6.5	7	7.5	8	8.5	9	9.5	10	11	12	13	14	15	16	17	18	19	20	22	(24)	25	(26)	28	30	32	(34)	(35)	36
245																																				
273																																				
299																																				
325																																				
351																																				
377																																				
402																																				
426																																				
450																																				
(465)																																				
480																																				
500																																				
530																																				
(550)																																				
560																																				
600																																				
630																																				

注：1. 钢管通常长度3～12m。
    2. 钢管由10、20、09MnV和16Mn制造。

3.2　输送流体用不锈钢无缝钢管规格

（1）热轧（挤压、扩）钢管的外径和壁厚

外径/mm	壁厚/mm																														
	2.5	3	3.5	4	4.5	5	5.5	6	6.5	7	7.5	8	8.5	9	9.5	10	11	12	13	14	15	16	17	18	19	20	22	(24)	25	(26)	28	30	32	(34)	(35)	36
32																																				
38																																				
42																																				
45																																				
50																																				
54																																				
57																																				
60																																				
63.5																																				
68																																				
70																																				
73																																				
76																																				

续表

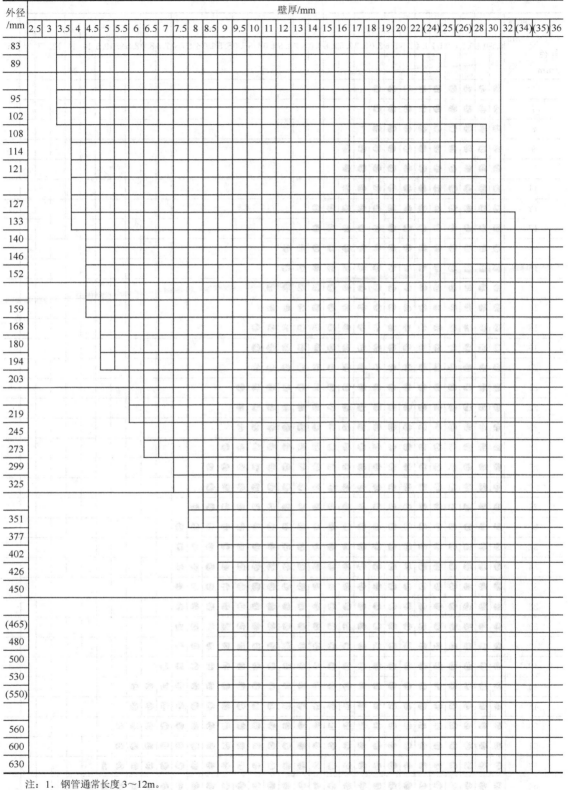

注：1. 钢管通常长度3～12m。
2. 钢管由10、20、09MnV和16Mn制造。

(2) 冷拔（轧）钢管的外径和壁厚

外径/mm \ 壁厚/mm	0.5	0.6	0.8	1.0	1.2	1.4	1.5	1.6	2.0	2.2	2.5	2.8	3.0	3.2	3.5	4.0	4.5	5.0	5.5	6.0	6.5	7.0	7.5	8.0	8.5	9.0	9.5	10	11	12	13	14	15
6	●	●	●	●	●	●	●	●																									
7		●	●	●	●	●	●	●																									
8		●	●	●	●	●	●	●																									
9		●	●	●	●	●	●	●	●																								
10		●	●	●	●	●	●	●	●																								
11		●	●	●	●	●	●	●	●																								
12		●	●	●	●	●	●	●	●	●	●																						
13		●	●	●	●	●	●	●	●	●	●																						
14		●	●	●	●	●	●	●	●	●	●	●	●																				
15		●	●	●	●	●	●	●	●	●	●	●	●																				
16		●	●	●	●	●	●	●	●	●	●	●	●	●	●																		
17		●	●	●	●	●	●	●	●	●	●	●	●	●	●																		
18		●	●	●	●	●	●	●	●	●	●	●	●	●	●																		
19		●	●	●	●	●	●	●	●	●	●	●	●	●	●																		
20		●	●	●	●	●	●	●	●	●	●	●	●	●	●	●																	
21		●	●	●	●	●	●	●	●	●	●	●	●	●	●	●	●																
22		●	●	●	●	●	●	●	●	●	●	●	●	●	●	●	●																
23		●	●	●	●	●	●	●	●	●	●	●	●	●	●	●	●																
24		●	●	●	●	●	●	●	●	●	●	●	●	●	●	●	●	●															
25		●	●	●	●	●	●	●	●	●	●	●	●	●	●	●	●	●															
27		●	●	●	●	●	●	●	●	●	●	●	●	●	●	●	●	●															
28		●	●	●	●	●	●	●	●	●	●	●	●	●	●	●	●	●	●														
30		●	●	●	●	●	●	●	●	●	●	●	●	●	●	●	●	●	●	●													
32		●	●	●	●	●	●	●	●	●	●	●	●	●	●	●	●	●	●	●													
34		●	●	●	●	●	●	●	●	●	●	●	●	●	●	●	●	●	●	●													
35		●	●	●	●	●	●	●	●	●	●	●	●	●	●	●	●	●	●	●													
36		●	●	●	●	●	●	●	●	●	●	●	●	●	●	●	●	●	●	●	●												
38		●	●	●	●	●	●	●	●	●	●	●	●	●	●	●	●	●	●	●	●												
40		●	●	●	●	●	●	●	●	●	●	●	●	●	●	●	●	●	●	●	●	●											
42		●	●	●	●	●	●	●	●	●	●	●	●	●	●	●	●	●	●	●	●	●											
45		●	●	●	●	●	●	●	●	●	●	●	●	●	●	●	●	●	●	●	●	●	●										
48		●	●	●	●	●	●	●	●	●	●	●	●	●	●	●	●	●	●	●	●	●	●										
50		●	●	●	●	●	●	●	●	●	●	●	●	●	●	●	●	●	●	●	●	●	●	●									
51		●	●	●	●	●	●	●	●	●	●	●	●	●	●	●	●	●	●	●	●	●	●	●									
53		●	●	●	●	●	●	●	●	●	●	●	●	●	●	●	●	●	●	●	●	●	●	●	●								
54		●	●	●	●	●	●	●	●	●	●	●	●	●	●	●	●	●	●	●	●	●	●	●	●	●							
56		●	●	●	●	●	●	●	●	●	●	●	●	●	●	●	●	●	●	●	●	●	●	●	●	●	●						

续表

注：●表示冷拔（轧）钢管规格，钢管通常长度2～8m。

外径/mm \ 壁厚/mm	0.5	0.6	0.8	1.0	1.2	1.4	1.5	1.6	2.0	2.2	2.5	2.8	3.0	3.2	3.5	4.0	4.5	5.0	5.5	6.0	6.5	7.0	7.5	8.0	8.5	9.0	9.5	10	11	12	13	14	15
57	●	●	●	●	●	●	●	●	●	●	●	●	●	●	●	●	●	●	●	●	●	●	●	●	●	●	●	●					
60	●	●	●	●	●	●	●	●	●	●	●	●	●	●	●	●	●	●	●	●	●	●	●	●	●	●	●	●					
63					●	●	●	●	●	●	●	●	●	●	●	●	●	●	●	●	●	●	●	●	●	●	●	●					
65					●	●	●	●	●	●	●	●	●	●	●	●	●	●	●	●	●	●	●	●	●	●	●	●					
68						●	●	●	●	●	●	●	●	●	●	●	●	●	●	●	●	●	●	●	●	●	●	●		●			
70						●	●	●	●	●	●	●	●	●	●	●	●	●	●	●	●	●	●	●	●	●	●	●					
73									●	●	●	●	●	●	●	●	●	●	●	●	●	●	●	●	●	●	●	●					
75									●	●	●	●	●	●	●	●	●	●	●	●	●	●	●	●	●	●	●	●					
76									●	●	●	●	●	●	●	●	●	●	●	●	●	●	●	●	●	●	●	●		●			
80									●	●	●	●	●	●	●	●	●	●	●	●	●	●	●	●	●	●	●	●	●	●	●	●	●
83									●	●	●	●	●	●	●	●	●	●	●	●	●	●	●	●	●	●	●	●					
85									●	●	●	●	●	●	●	●	●	●	●	●	●	●	●	●	●	●	●	●					
89											●	●	●	●	●	●	●	●	●	●	●	●	●	●	●	●	●	●	●	●	●	●	●
90												●	●	●	●	●	●	●	●	●	●	●	●	●	●	●	●	●					
95												●	●	●	●	●	●	●	●	●	●	●	●	●	●	●	●	●					
100												●	●	●	●	●	●	●	●	●	●	●	●	●	●	●	●	●	●	●	●	●	●
102													●	●	●	●	●	●	●	●	●	●	●	●	●	●	●	●	●	●	●	●	●
108													●	●	●	●	●	●	●	●	●	●	●	●	●	●	●	●	●	●	●	●	●
114													●	●	●	●	●	●	●	●	●	●	●	●	●	●	●	●	●	●	●	●	●
127													●	●	●	●	●	●	●	●	●	●	●	●	●	●	●	●	●	●	●	●	●
133													●	●	●	●	●	●	●	●	●	●	●	●	●	●	●	●	●	●	●	●	●
140													●	●	●	●	●	●	●	●	●	●	●	●	●	●	●	●	●	●	●	●	●
146															●	●	●	●	●	●	●	●	●	●	●	●	●	●	●	●	●	●	●
159															●	●	●	●	●	●	●	●	●	●	●	●	●	●	●	●	●	●	●

附录4 壁面污垢热阻的数值范围

(1) 冷却水

加热液体温度/℃ 水的温度/℃	115以下 25以下		115以下 25以上	
水的流速/(m/s)	1以下	1以上	1以下	1以上
水	热阻/(m²·℃/W)			
海水	0.8598×10^{-4}	0.8598×10^{-4}	1.7197×10^{-4}	1.7197×10^{-4}
自来水、井水、潮水、软化锅炉水	1.7197×10^{-4}	1.7197×10^{-4}	3.4394×10^{-4}	3.4394×10^{-4}
蒸馏水	0.8598×10^{-4}	0.8598×10^{-4}	0.8598×10^{-4}	0.8598×10^{-4}
硬水	5.1590×10^{-4}	5.1590×10^{-4}	8.598×10^{-4}	8.598×10^{-4}
河水	5.1590×10^{-4}	3.4394×10^{-4}	6.8788×10^{-4}	5.1590×10^{-4}

(2) 工业用气体

气体名称	热阻/(m²·℃/W)	气体名称	热阻/(m²·℃/W)
有机化合物	0.8598×10^{-4}	溶剂蒸气	1.7197×10^{-4}
水蒸气	0.8598×10^{-4}	天然气	1.7197×10^{-4}
空气	3.4394×10^{-4}	焦炉气	1.7197×10^{-4}

(3) 工业用液体

液体名称	热阻/(m²·℃/W)	液体名称	热阻/(m²·℃/W)
有机化合物	1.7197×10^{-4}	熔盐	0.8598×10^{-4}
盐水	1.7197×10^{-4}	植物油	5.1590×10^{-4}

(4) 石油分馏物

馏出物名称	热阻/(m²·℃/W)	馏出物名称	热阻/(m²·℃/W)
原油	$3.4394\times10^{-4}\sim12.098\times10^{-4}$	柴油	$3.4394\times10^{-4}\sim5.1590\times10^{-4}$
汽油	1.7197×10^{-4}	重油	8.5980×10^{-4}
石脑油	1.7197×10^{-4}	沥青油	17.197×10^{-4}
煤油	1.7197×10^{-4}		

附录5 换热器有关参数

5.1 固定管板式换热器

固定管板式换热器参数摘自 JB/T 4715—92。

公称压力 PN $0.25\sim6.4$ MPa。公称直径 DN：钢管制圆筒 $159\sim325$ mm；卷制圆筒 $400\sim1800$ mm。换热管长度 $1500\sim9000$ mm。

换热面积计算公式：$S = \pi d_0 (L-0.1) n$

式中，S 为换热面积，m^2；d_0 为换热管外径，m；L 为换热管长度，m；n 为换热管根数。

(1) 换热管规格及排列形式

外径×壁厚/mm		排列形式	管心距/mm
碳钢、低合金钢	不锈钢		
$\phi 25 \times 2.5$	$\phi 25 \times 2$	正三角形	32
$\phi 19 \times 2$	$\phi 19 \times 2$		25

(2) 换热管 $\phi 19$ mm 的基本参数

公称直径 DN/mm	公称压力 PN/MPa	管程数 N_t	管子根数 n	中心排管数	管程流通面积/m^2	计算换热面积/m^2 换热管长度 L/mm					
						1500	2000	3000	4500	6000	9000
159		1	15	5	0.0027	1.3	1.7	2.6	—	—	—
219		1	33	7	0.0058	2.8	3.7	5.7	—	—	—
273	1.6 2.5 4.0 6.4	1	65	9	0.0115	5.4	7.4	11.3	17.1	22.9	—
		2	56	8	0.0049	4.7	6.4	9.7	14.7	19.7	—
325		1	98	11	0.0175	8.3	11.2	17.1	26	34.9	—
		2	88	10	0.0078	7.4	10	15.2	23.1	31	—
		4	68	11	0.003	5.7	7.7	11.8	17.9	23.9	—
400		1	174	14	0.0307	14.5	19.7	30.1	45.7	61.3	—
		2	164	15	0.0145	13.7	18.6	28.4	43.1	57.8	—
		4	146	14	0.0065	12.2	16.6	15.3	38.3	51.4	—
450		1	237	17	0.0419	19.8	26.9	41	62.2	83.5	—
		2	220	16	0.0194	184	25	38.1	57.8	77.5	—
		4	200	16	0.0088	16.7	22.7	34.6	52.5	70.4	—
500	0.6 1.0 1.6 2.5 4.0	1	275	19	0.0486	—	31.2	47.6	72.2	96.8	—
		2	256	18	0.0226	—	29	44.3	67.2	90.2	—
		4	222	18	0.0098	—	25.2	38.4	58.3	78.2	—
600		1	430	22	0.076	—	48.8	74.4	112.9	151.4	—
		2	416	23	0.0368	—	47.2	72	109.3	146.5	—
		4	370	22	0.0163	—	42	64	97.2	130.3	—
		6	360	20	0.0106	—	40.8	62.3	94.5	126.8	—
700		1	607	27	0.1073	—	—	105.1	159.4	213.8	—
		2	574	27	0.0507	—	—	99.4	150.8	202.1	—
		4	542	27	0.0239	—	—	93.8	142.3	190.9	—
		6	518	24	0.0153	—	—	89.7	136.0	182.4	—

续表

公称直径 DN/mm	公称压力 PN/MPa	管程数 N_t	管子根数 n	中心排管数	管程流通面积/m²	计算换热面积/m² 换热管长度 L/mm					
						1500	2000	3000	4500	6000	9000
800	0.6 1.0 1.6 2.5 4.0	1 2 4 6	797 776 722 710	31 31 31 30	0.1408 0.0686 0.0319 0.0209	— — — —	— — — —	138 134.3 125 122.9	209.3 203.8 189.8 186.5	280.7 273.3 254.3 250	— — — —
900	0.6 1.0 1.6	1 2 4 6	1009 988 938 914	35 35 35 34	0.1783 0.0873 0.0414 0.0269	— — — —	— — — —	174.7 171 162.4 158.2	265 259.5 246.4 240	355.3 347.9 330.3 321.9	536 524.9 498.3 485.6
1000	2.5 4.0	1 2 4 6	1267 1234 1186 1148	39 39 39 38	0.2239 0.109 0.0524 0.0338	— — — —	— — — —	219.3 213.6 205.3 198.7	332.8 324.1 311.5 301.5	446.2 434.6 417.7 404.3	673.1 655.6 630.1 609.9

注：表中的管程流通面积为各程平均值。

(3) 折流板（支承板）间距

单位：mm

公称直径 DN	管长	折流板间距					
≤500	≤3000	100	200	300	450	600	—
	4500~6000	—	200	300	450	600	—
600~800	1500~6000	150	200	300	450	600	—
900~1300	≤6000		200	300	450	600	—
	7500, 9000		—	300	450	600	750
1400~1600	6000	—	—	300	450	600	750
	7500, 9000	—	—	—	450	600	750
1700~1800	6000~9000	—	—	—	400	600	750

5.2 浮头式（内导流）换热管

$\phi 25$mm 换热管的基本参数（JB/T 4715）

公称直径/mm	管程数 N_t	管子总根数 n		中心排管数		管程流通面积/m²			计算的换热器面积/m² 换热管长度 L/mm						
						$\phi25$mm×2.5mm	$\phi25$mm×2mm		3000		4500		6000		
						管子尺寸/mm									
		$\phi19$	$\phi25$	$\phi19$	$\phi25$	$\phi19\times2$	$\phi25\times2$	$\phi25\times2.5$	$\phi19$	$\phi25$	$\phi19$	$\phi25$	$\phi19$	$\phi25$	
325	2	60	32	7	5	0.0053	0.0055	0.0050	10.5	7.4	15.8	11.1	—	—	
	4	52	28	6	4	0.0023	0.0024	0.0022	9.1	6.4	13.7	9.7	—	—	
426	2	120	74	8	7	0.0106	0.0126	0.0116	20.9	16.9	31.6	25.6	42.3	34.4	

续表

公称直径 /mm	管程数 N_t	管子总根数 n		中心排管数	管程流通面积/m^2			计算的换热器面积/m^2 换热管长度 L/mm					
					ϕ25mm× 2.5mm	ϕ25mm× 2mm		3000		4500		6000	
					管子尺寸/mm								
		ϕ19	ϕ25	ϕ19	ϕ25	ϕ19×2	ϕ25×2	ϕ25×2.5	ϕ19	ϕ25	ϕ19	ϕ25	ϕ19	ϕ25
400	4	108	68	9	6	0.0048	0.0059	0.0053	18.8	15.6	28.4	23.6	38.1	31.6
500	2	206	124	11	8	0.0182	0.0215	0.0194	35.7	28.3	54.1	42.8	72.5	57.4
	4	192	116	10	9	0.0085	0.0100	0.0091	33.2	26.4	50.4	40.1	67.6	53.7
600	2	324	198	14	11	0.0286	0.0343	0.0311	55.8	44.9	84.8	68.2	113.9	91.5
	4	308	188	14	10	0.0136	0.0163	0.0148	53.1	42.6	80.7	64.8	108.2	86.9
	6	284	158	14	10	0.0083	0.0091	0.0083	48.9	35.8	74.4	54.4	99.8	73.1
700	2	468	268	16	13	0.0414	0.0464	0.0421	80.4	60.6	122.2	92.1	164.1	123.7
	4	448	256	17	12	0.0198	0.0222	0.0201	76.9	57.8	117.0	87.9	157.1	118.1
	6	382	224	15	10	0.0112	0.0129	0.0116	65.6	50.6	99.8	76.9	133.0	103.4
800	2	610	366	19	15	0.0539	0.0634	0.0575	—	—	158.9	125.4	213.5	168.5
	4	588	352	18	14	0.0260	0.0305	0.0276	—	—	153.2	120.6	205.8	162.1
	6	518	316	16	14	0.0152	0.0182	0.0165	—	—	134.2	108.3	181.3	145.5
1000	2	1006	606	24	19	0.0890	0.1050	0.0952	—	—	260.6	206.6	350.6	277.9
	4	980	255	23	18	0.0433	0.0509	0.0462	—	—	253.9	200.4	341.6	269.7
	6	892	564	21	18	0.0262	0.0326	0.0295	—	—	231.1	192.2	311.0	258.7

附录6 常用填料的物性参数

填料	名义尺寸/mm	实际尺寸/mm	材质及堆积方式	填料数量/(个/m³)	ρ/(kg/m³)	a_t/(m²/m³)	ε/(m³/m³)	$\dfrac{\sigma}{\varepsilon^3}$/m⁻¹	填料因子 Φ/m⁻¹	备注
拉西环	10	10×10×1.5	瓷质乱堆	720000	700	440	0.70	1280	1500	直径×高×厚
	25	25×25×2.5	瓷质乱堆	49000	505	140	0.78	4010	450	
	50	50×50×4.5	瓷质乱堆	6000	457	93	0.87	177	205	
	80	80×80×9.5	瓷质乱堆	1910	714	76	0.68	243	280	
	50	50×50×4.5	瓷质整砌	8830	673	124	0.72	339		
	80	80×80×9.5	瓷质整砌	2580	962	102	0.57	564		
	100	100×100×13	瓷质整砌	1060	930	65	0.72	172		
	10	10×10×0.5	钢质乱堆	800000	960	500	0.88	740	1000	
	25	25×25×0.8	钢质乱堆	55000	640	220	0.92	290	260	
	50	50×50×1.0	钢质乱堆	7000	430	110	0.95	130	175	
鲍尔环	25	25×25×0.6	钢质乱堆	49600	481	207	0.94	249	158	直径×高×厚
	50	50×50×1	钢质乱堆	6500	395	112.3	0.949	131	140	
	50	50×50×0.9	钢质乱堆	6040	385	102	0.96	119	66	
	25	25×24.2×1	塑料乱堆	53500	101	194	0.87	294	320	
	50	50×48×1.8	塑料乱堆	7000	87.5	106.4	0.9	146	120	
阶梯环	25	25×17.5×1.4	塑料乱堆	81500	99.8	228	0.90	313	240	直径×高×厚
	50	50×25×1.5	塑料乱堆	10740	54.8	114.2	0.927	143.4	105	
	50	50×30×1.5	塑料乱堆	9980	76.8	121.8	0.915	159	79.3	
弧鞍形	50		瓷质乱堆	77000	721	249	0.68		361	
	20		瓷质乱堆	8830	625	105	0.72		148	
矩鞍形	25	40×20×3	瓷质乱堆	58230	544	200	0.772	433	224	直径×高×厚
	50	75×40×5	瓷质乱堆	8710	538	103	0.782	216	122	
	25	38×19×1.05	塑料乱堆	97680	133	283	0.847	473	320	
鞍环形	25#		金属乱堆	158000			0.967		135	
	50#		金属乱堆	14700			0.978		59	
网波填料	7DB					1200				
θ网环		8×8	镀锌铁丝网	2120000	490	1030	0.936			
鞍形网		10		4560000	34JD	1100	0.91			40目,丝径0.23~0.25mm
压延环孔		6×6		1020000	355	1300	0.96			60目,丝径0.152mm

附录7 常见栅板规格尺寸

塔径为600～800mm的栅板尺寸

单位：mm

公称直径DN	填料环直径	栅板尺寸								
		D	l	R	L	$h \times s$	n	t	l_1	l_2
600	25	580	289	290	579	40×6	10	25	250	9
	50						5	45	225	18
700	25	680	339	340	679	40×6	12	25	300	9
	50						6	45	270	18
800	25	780	389	390	779	50×6	14	25	350	9
	50						7	45	315	18

塔径为900～1200mm的栅板尺寸

单位：mm

公称直径DN	填料环直径	D	R	$h \times s$	t	栅板Ⅰ					连接板长度	栅板Ⅱ					连接板长度	支承板数量
						l_1	L_1	n_1	l_2	l_3		l	n_2	l_5	l_4			
900	25	880	440	50×6	25	270	880	10	250	7	270	303	10	250	9		200	
	50				45			5	225	19			5	225	20			
1000	25	980	490	50×8	28	388	980	13	364	8	388	294	9	252	9		250	6
	50				48			7	336	22			5	240	10			
1200	25	1168	584	60×10	30	388	1168	12	360	9	388	388	11	330	9		330	6
	50				50			7	350	14			6	300	19			

塔径为1400～1600mm的栅板尺寸

单位：mm

公称直径DN	填料环直径	D	R	$h \times s$	t	栅板Ⅰ					连接板长度	栅板Ⅱ					连接板长度	支承板数量
						l_1	L_1/L_2	n_1	l_2	l_3		L_3	n_2	l_5	l_4	l		
1400	25	1380	690	60×10	30	299	1242/1380	9	270	9	299	1240	11	330	9	388	330	8
	50				50			5	250	19			6	300	19			
1600	25	1558	779	60×10	30	388	1350/1558	12	360	9	388	1348	11	330	9	388	330	8
	50				50			7	350	14			6	300	19			

参考文献

[1] 申迎华,郝晓刚.化工原理课程设计.北京：化学工业出版社,2009.
[2] 张文林,李春利.化工原理课程设计.北京：化学工业出版社,2018.
[3] 王国胜.化工原理课程设计.3版.大连：大连理工大学出版社,2013.
[4] 李功样,陈兰英,崔英德.常用化工单元设备设计.广州：华南理工大学出版社,2009.
[5] 贾冬梅,李长海.化工原理课程设计.北京：科学出版社,2016.
[6] 柴诚敬,贾绍义.化工原理课程设计.北京：高等教育出版社,2015.
[7] 王许云,王晓红,田红景.化工原理课程设计.北京：化学工业出版社,2012.
[8] 王要令.化工原理课程设计.北京：化学工业出版社,2016.
[9] 柴诚敬,王军,张缨.化工原理课程设计.天津：天津科学技术出版社,2005.
[10] 中石化上海工程有限公司.化工工艺设计手册.5版.北京：科学出版社,2018.
[11] 张洪流,张茂润.化工单元操作设备设计.上海：华东理工大学出版社,2011.
[12] 陈志.化工制图.成都：四川大学出版社,2009.
[13] 武汉大学化学系化工教研室.化工制图基础.2版.北京：高等教育出版社,1990.
[14] 史美中.热交换器原理与设计.南京：东南大学出版社,2014.
[15] GB/T151—2014 热交换器.
[16] 卓震.化工容器及设备.北京：中国石化出版社,1998.
[17] 朱聘冠.换热器原理及计算.北京：清华大学出版社,1987.
[18] 潘继红等.管壳式换热器的分析与计算.北京：科学出版社,1996.
[19] 聂清德.化工设备设计.北京：化学工业出版社,1991.
[20] JB/T4700~4707 压力容器法兰.
[21] 化工部设备设计技术中心站.化工设备设计手册（四）—20 热交换器结构设计.北京：化学工业出版社,2005.
[22] 付家新.化工原理课程设计.2版.北京：化学工业出版社,2016.
[23] 孙兰义,马占华,王志刚等.换热器工艺设计.北京：中国石化出版社,2015.
[24] 何潮洪,刘永忠,窦梅等.化工原理（上）.3版.北京：科学出版社,2017.
[25] 何潮洪,伍钦,魏凤玉等.化工原理（下）.3版.北京：科学出版社,2017.
[26] 王卫东,庄志军.化工原理课程设计.2版.北京：化学工业出版社,2015.
[27] 唐盛伟.填料吸收塔.北京：化学工业出版社,2000.
[28] 徐树英.化工单元设计指导书.海口：海南出版社,2011.
[29] 管国锋,赵汝溥.化工原理.4版.北京：化学工业出版社,2015.
[30] 王志魁.化工原理.5版.北京：化学工业出版社,2020.

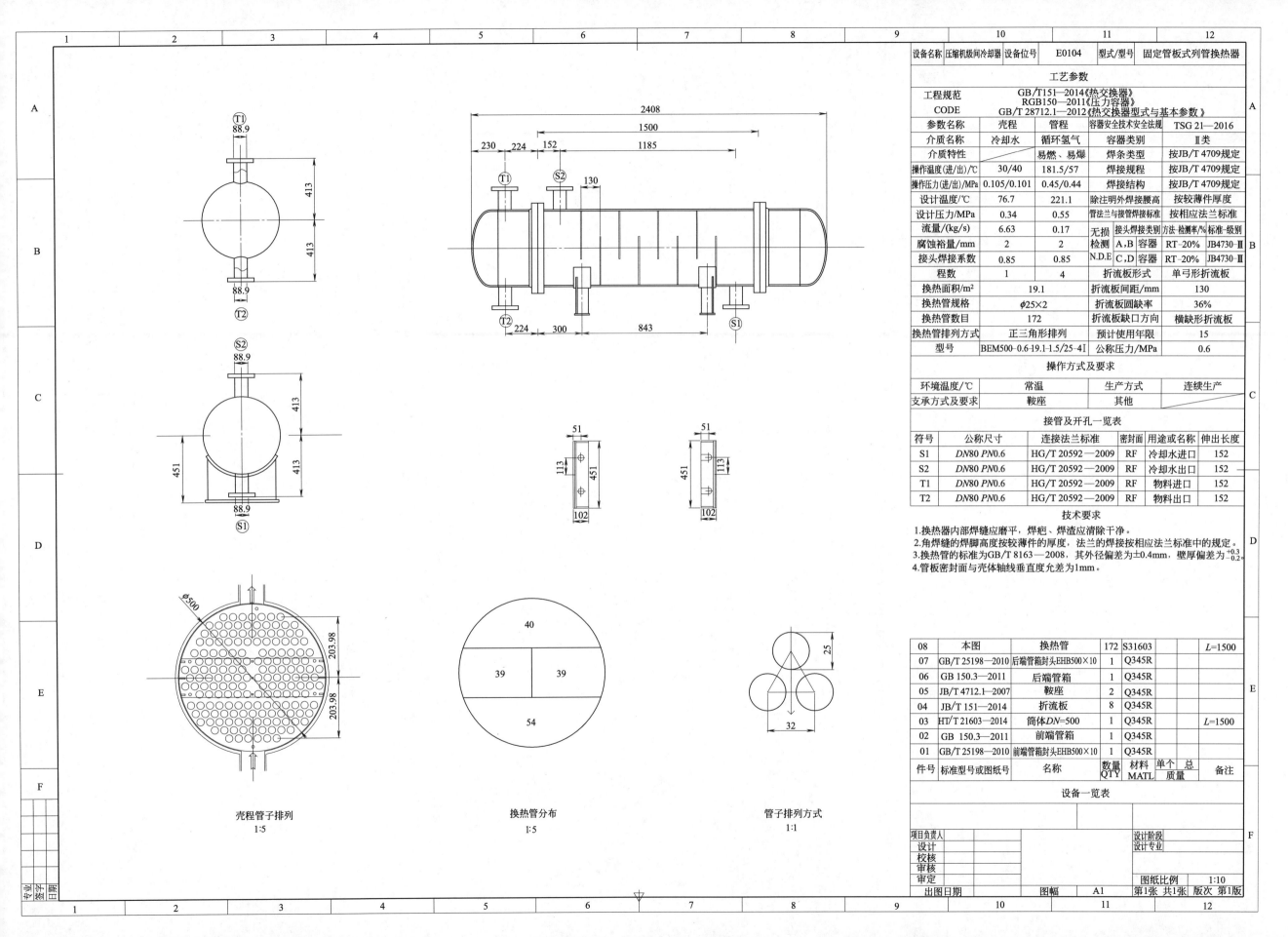

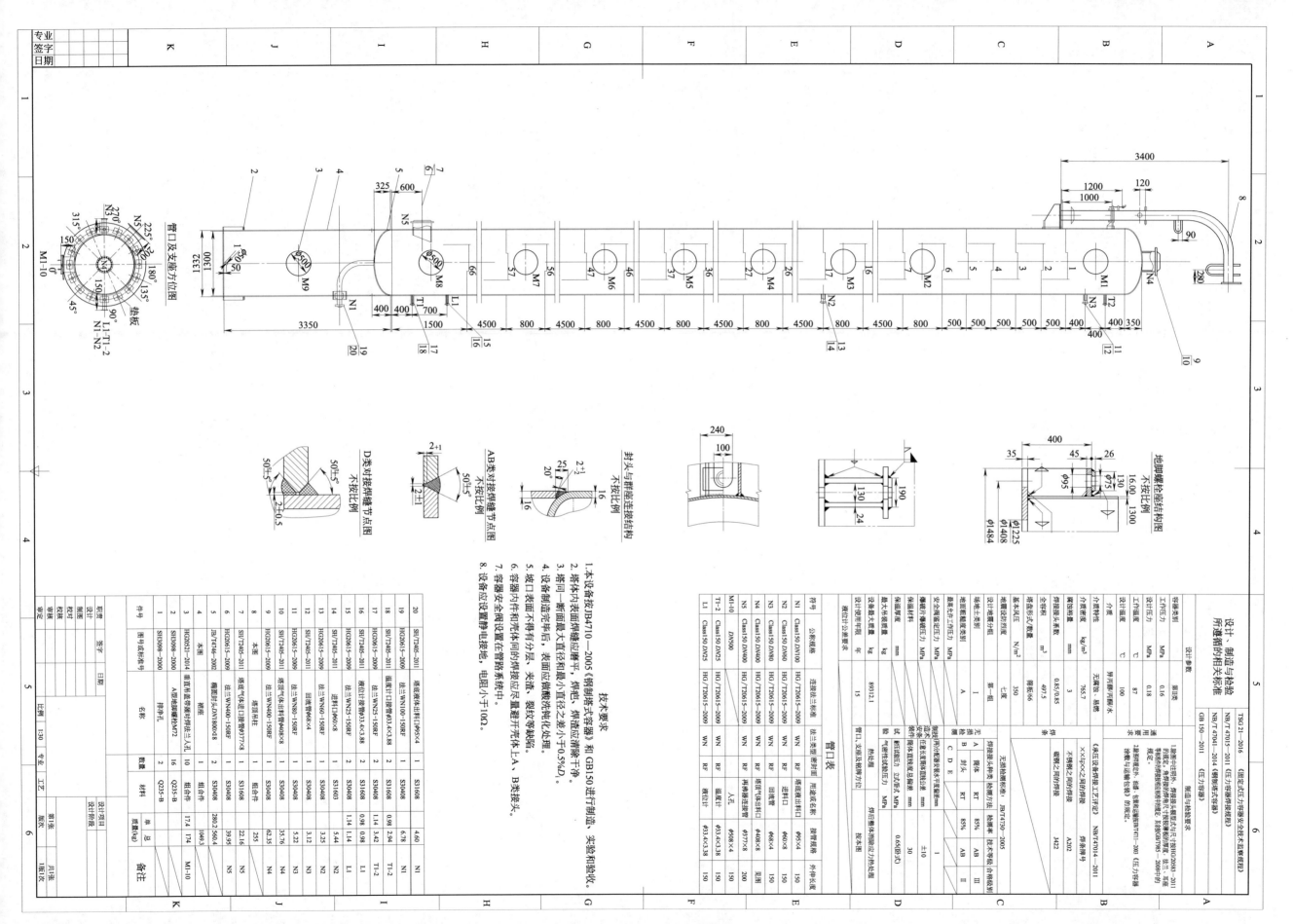

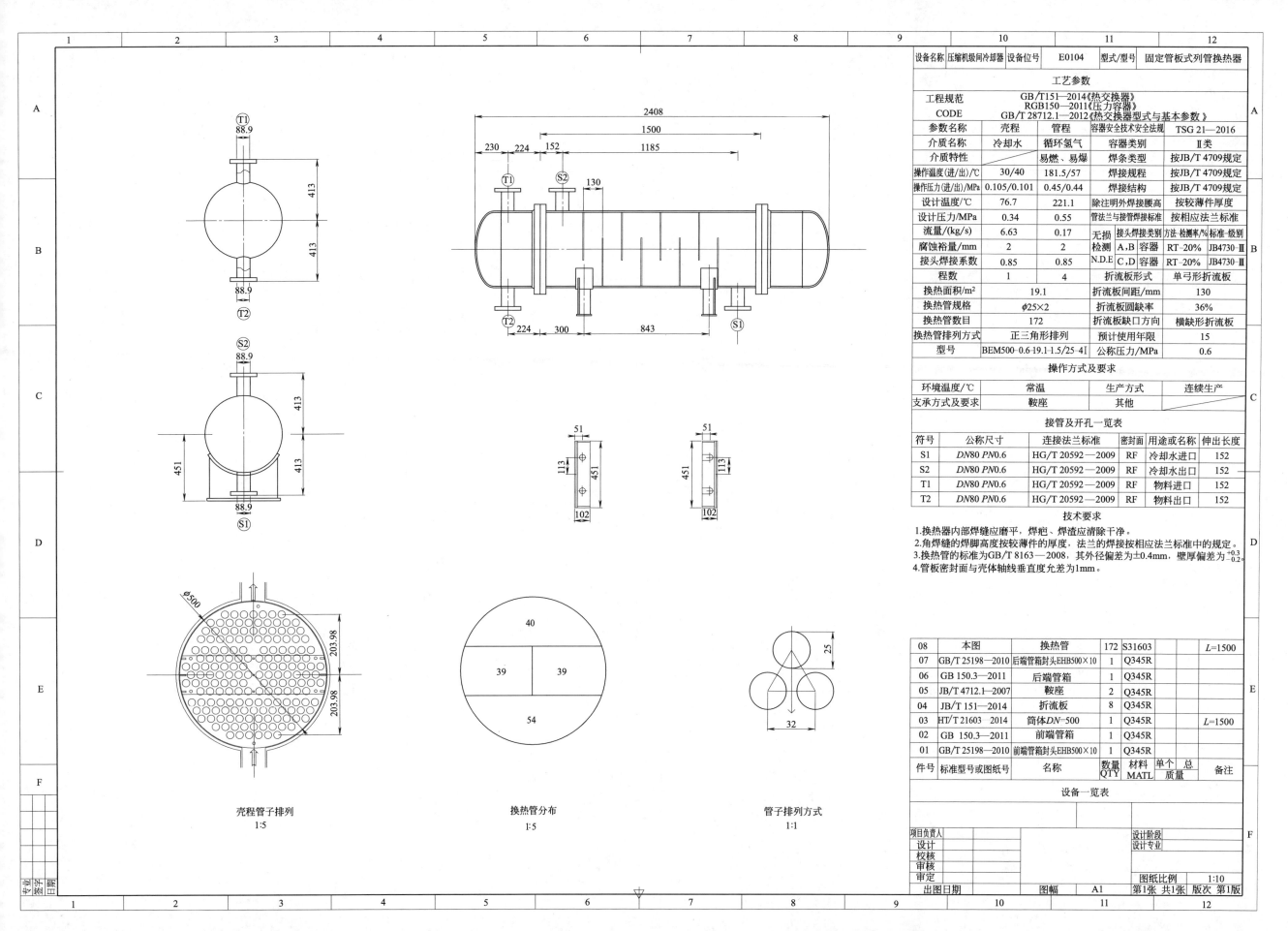